梯度提升算法实战
基于XGBoost和scikit-learn

[美] 科里·韦德（Corey Wade） 著

张生军 译

清华大学出版社

北京

内 容 简 介

XGBoost是一种经过行业验证的开源软件库，为快速高效地处理数十亿数据点提供了梯度提升框架。首先，本书在介绍机器学习和XGBoost在scikit-learn中的应用后，逐步深入梯度提升背后的理论知识。读者将学习决策树，并分析在机器学习环境中的装袋技术，同时学习拓展到XGBoost的超参数；并将从零开始构建梯度提升模型，将梯度提升扩展到大数据领域，同时通过计时器的使用了解速度限制。接着，本书重点探讨XGBoost的细节，着重于速度提升和通过数学推导导出参数。通过详细案例研究，读者将练习使用scikit-learn及原始的Python API构建和微调XGBoost分类器与回归器；并学习如何利用XGBoost的超参数来提高评分、纠正缺失值、缩放不平衡数据集，并微调备选基学习器。最后，读者将学习应用高级XGBoost技术，如构建非相关的集成模型、堆叠模型，并使用稀疏矩阵、定制转换器和管道为行业部署准备模型。

本书适合作为高等学校计算机专业、软件工程专业的高年级本科生及研究生教材，同时适合有一定机器学习基础的数据科学家、机器学习工程师和研究人员阅读，可为解决复杂的机器学习问题提供实用指导。

北京市版权局著作权合同登记号　图字：01-2022-5578

Copyright©Packt Publishing 2020.

Firstpublished in the English language under the title "Hands-On Gradient Boosting with XGBoost and scikit-learn"– (978-1-83921-835-4).

图书在版编目 (CIP) 数据

梯度提升算法实战：基于XGBoost和scikit-learn /(美) 科里·韦德 (Corey Wade) 著；张生军译.—北京：清华大学出版社，2024.4
　　书名原文：Hands-On Gradient Boosting with XGBoost and scikit-learn
　　ISBN 978-7-302-65951-8

　　Ⅰ.①梯… Ⅱ.①科… ②张… Ⅲ.①机器学习—算法 Ⅳ.① TP181

中国国家版本馆 CIP 数据核字 (2024) 第 065073 号

责任编辑：安　妮　李　燕
封面设计：刘　键
版式设计：方加青
责任校对：王勤勤
责任印制：曹婉颖

出版发行：清华大学出版社
　　　　　网　　址：https://www.tup.com.cn, https://www.wqxuetang.com
　　　　　地　　址：北京清华大学学研大厦 A 座　　　　　邮　　编：100084
　　　　　社 总 机：010-83470000　　　　　　　　　　　邮　　购：010-62786544
　　　　　投稿与读者服务：010-62776969，c-service@tup.tsinghua.edu.cn
　　　　　质 量 反 馈：010-62772015，zhiliang@tup.tsinghua.edu.cn
印 装 者：三河市君旺印务有限公司
经　　销：全国新华书店
开　　本：185mm×260mm　　　　印　　张：15　　　　字　　数：295 千字
版　　次：2024 年 4 月第 1 版　　　印　　次：2024 年 4 月第 1 次印刷
印　　数：1 ～ 1500
定　　价：99.00 元

产品编号：099762-01

译 者 序

本书是由加州大学伯克利分校编程学院的创始人和董事科里·韦德（Corey Wade）编写的 *Hands-On Gradient Boosting with XGBoost and scikit-learn* 一书的中译本。科里·韦德获得了数学、写作与意识艺术硕士学位，他在加州大学伯克利分校向来自世界各地的青少年教授"机器学习"和"人工智能"课程。此外，他还担任加州大学伯克利分校高中独立学习项目的数学系负责人，教授"编程"和"高等数学"课程。

本书从基本机器学习基础入门开始，包括编程环境搭建、数据集预处理和分类、回归基本模型建立，详解 XGBoost 模型构建和优化过程，最终借助实例分析，引入 XGBoost 工业化应用的高级方法和技巧。本书力求叙述简练，概念清晰，通俗易懂，便于自学。

对于专业术语，如业界暂无标准化翻译，则采用网络上约定俗成的译法，其他情况会采用加英文括注的方式保留原始术语。

全书共分三大部分：第一部分（第 1 ～ 4 章）为入门部分，介绍 XGBoost 背后的实用理论，包括装袋和提升模型结构、数据预处理、回归和分类模型、XGBoost 基本模型及超参数微调；第二部分（第 5 ～ 7 章）为进阶部分，介绍 XGBoost 框架构成及超参数优化；第三部分（第 8 ～ 10 章）为高级部分，着重讨论微调备选基学习器、创新技巧、特征工程，并使用稀疏矩阵、定制转换器和管道，练习构建适合行业部署的模型。全书提供了大量应用实例。

本书由张生军完成全书的翻译及统稿，在翻译过程中得到满易女士的大力支持，在此表示衷心的感谢。

由于译者水平有限，虽然多次校对，但书中不当之处仍在所难免，欢迎广大同行和读者批评指正。

张生军

2023 年 10 月

序

各章主要内容

第1章"机器学习概览"在机器学习的总体背景下，在与XGBoost比较结果之前，通过介绍线性回归和逻辑回归展示了XGBoost。同时介绍了pandas，通过将分类列转换和以多种方式清除空值来预处理原始数据。

第2章"深入浅出决策树"详细讨论了XGBoost使用的决策树超参数，并通过图形和统计分析方差和偏差，强调了过拟合的重要性，这也是本书一直涉及的主题。

第3章"随机森林与装袋法"对随机森林和XGBoost进行了一般性的分析比较，着重探讨了装袋方法。另外，还详细介绍了与随机森林共享的额外XGBoost超参数，例如n_estimators和subsample。

第4章"从梯度提升到XGBoost"介绍了提升算法的基础知识，使用scikit-learn从零开始构建一个提升模型，并调整新的XGBoost超参数（如eta），同时比较梯度提升和XGBoost的运行时间，突出XGBoost的惊人速度。

第5章"XGBoost揭秘"分析了XGBoost算法的数学推导过程，介绍了一个历史相关的案例研究，其中，作为赢得希格斯玻色子Kaggle比赛的模型，XGBoost扮演了重要角色。本章讨论了标准XGBoost参数，生成了基本模型，并介绍了原始的Python API。

第6章"XGBoost超参数"介绍了所有必要的XGBoost超参数，总结了之前树集成的超参数，并使用原始的网格搜索功能来微调XGBoost模型以优化模型评分。

第7章"用XGBoost发现系外行星"提供了一个完整的实例，尝试使用XGBoost发现系外行星。利用混淆矩阵和分类报告分析不平衡数据集的缺陷，涉及不同的评分指标和重要的XGBoost超参数scale_pos_weight。

第8章"XGBoost的备选基学习器"，介绍了全系列的XGBoost提升器，包括用于回归和分类的gbtree、DART和gblinear。同时还介绍了被作为基学习器的随机森林，以及作为XGBoost备选模型的新类XGBRFRegressor和XGBRFClassifier。

第9章"XGBoost Kaggle大师"介绍了XGBoost Kaggle竞赛的获胜者所使用的

技巧，包括高级特征工程、构建非相关的机器集成，以及堆叠技术等。

第 10 章 "XGBoost 模型部署"，通过使用定制的转换器来处理混合数据和机器学习管道，在精调 XGBoost 模型的基础上，将原始数据转换成 XGBoost 机器学习预测结果，用于对传入的数据进行预测。

如何充分利用本书

读者应该熟练掌握 Python 中的切片列表、编写自定义函数以及使用点操作符等知识，还应具有矩阵中访问行列的线性代数的一般知识。若了解 pandas 和机器学习，无疑会更好，但不是必需的，因为所有的代码和概念都会随着学习进程不断加以解释。

本书使用了 Anaconda 发行版中的 Jupyter Notebook 及最新版本的 Python。建议使用 Anaconda，因为其中包含了所有主要的数据科学库。在开始之前，有必要更新 Anaconda。下面的部分提供了详细的操作步骤，以便将您的编程环境设置得与本书相同。

建立编程环境

表 0.1 列举了本书所使用的主要软件。

表 0.1　本书所使用的主要软件

本书所用软件	操作系统需求
Anaconda:Jupyter Notebook/sklearn 0.23	Windows、macOS X、Linux（各操作系统版本不限）
Anaconda:Python 3.7	Windows、macOS X、Linux（各操作系统版本不限）
XGBoost 1.2	Windows、macOS X、Linux（各操作系统版本不限）

下面详细介绍如何安装软件。

Anaconda

本书需要使用 Jupyter Notebook、scikit-learn（sklearn）和 Python 等数据科学库，建议使用 Anaconda 安装它们。

以下是在 2020 年安装 Anaconda 的步骤：

（1）用浏览器打开 Anaconda 下载页面。

（2）在下载界面上单击 Download 按钮，如图 0.1 所示，这并不会立即开始下载，但会提供各种选项（见第（3）步）。

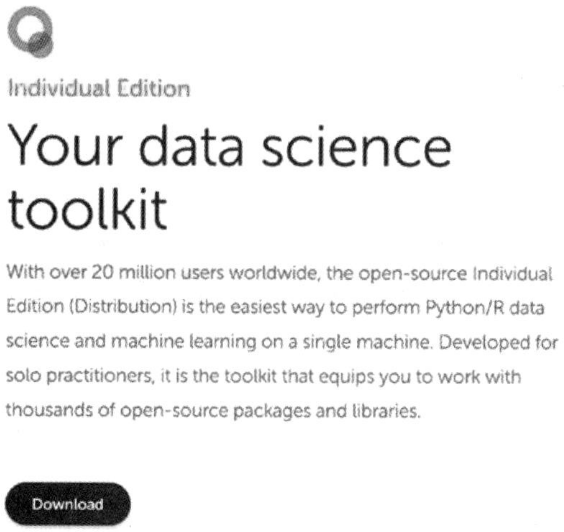

图 0.1　准备下载 Anaconda

（3）根据操作系统选择安装程序，如图 0.2 所示。推荐使用 64-Bit Graphical Installer（64 位图形化安装程序），这适用于 Windows 和 macOS 系统。确保选择 Python 3.7 中的版本，因为本书始终使用的是 3.7 版本。

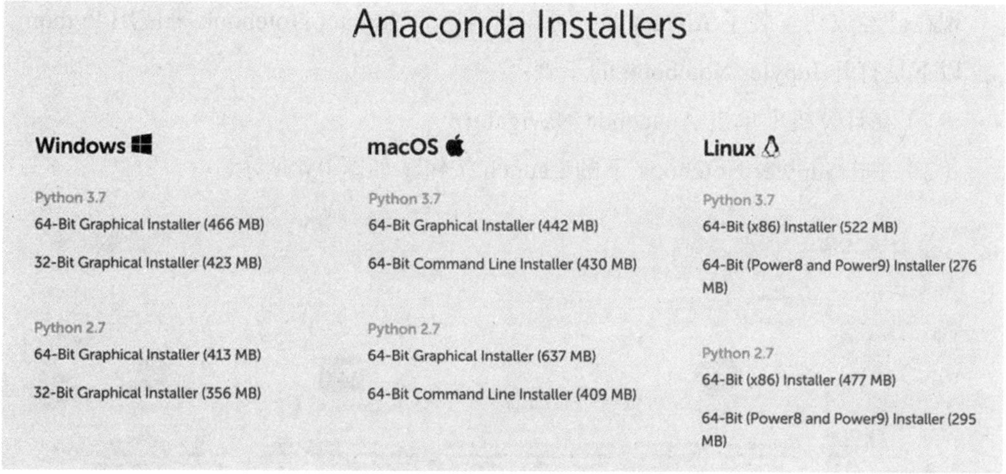

图 0.2　Anaconda 安装程序

（4）下载开始后，按照计算机上的提示继续完成安装。

> **Mac 用户注意事项**
>
> 如果您遇到 You cannot install Anaconda 3 in this location（无法在此位置安装 Anaconda 3）的错误，不要惊慌，只需单击突出显示的 Install for me only，Continue 按钮将作为一个选项出现，如图 0.3 所示。

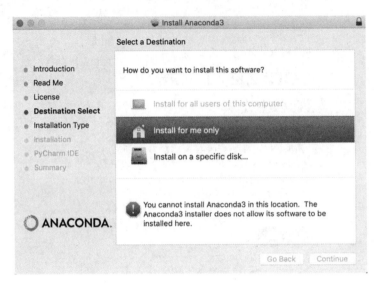

图 0.3 Mac 用户如遇警告,只需单击 Install for me only 然后继续

使用 Jupyter Notebook

现在已经成功安装了 Anaconda,可以打开一个 Jupyter Notebook 来使用 Python。以下是打开 Jupyter Notebook 的步骤:

(1)在计算机上单击 Anaconda-Navigator。

(2)单击 Jupyter Notebook 下的 Launch 按钮,如图 0.4 所示。

图 0.4 Anaconda 主界面

这将在浏览器窗口中打开一个 Jupyter Notebook。虽然 Jupyter Notebook 出现在浏览器中会让使用更便捷，但它们实际上并非在线运行，而是在本地计算机上运行。谷歌 Colab Notebook 是一个可接受的在线替代方案，但本书只使用 Jupyter Notebook。

（3）在 Jupyter Notebook 右侧选择 New → Python 3 菜单项，如图 0.5 所示。将进入图 0.6 所示界面。

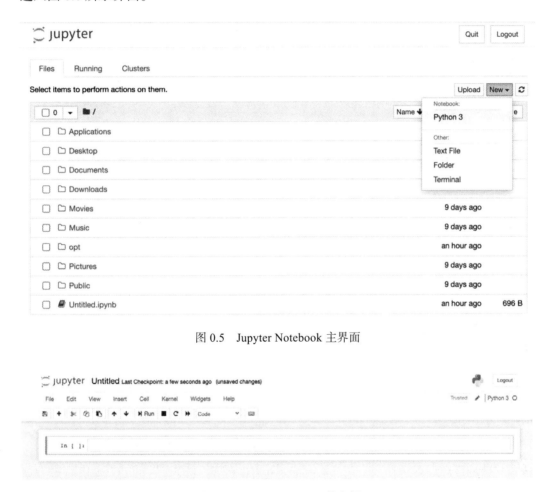

图 0.5　Jupyter Notebook 主界面

图 0.6　Jupyter Notebook 的内部

现在已经准备好运行 Python 代码。可在单元格中输入 Python 代码，如 print ('hello xgboost!')，然后按 Shift + Enter 键来运行代码即可。

Jupyter Notebook 故障排除

如果在运行或安装 Jupyter Notebook 时遇到问题，可访问 Jupyter 官方故障排除指南。

XGBoost

在撰写本书时，XGBoost 尚未包含在 Anaconda 中，因此必须单独安装。

以下是在计算机上安装 XGBoost 的步骤。

（1）访问 XGBoost 下载页面，如图 0.7 所示。

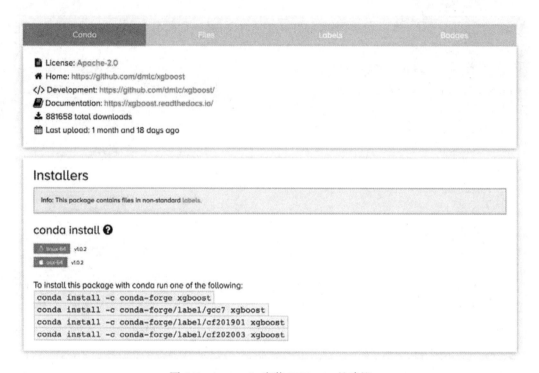

图 0.7　Anaconda 安装 XGBoost 的建议

（2）复制图 0.7 中的第一行代码，如图 0.8 所示。

```
conda install -c conda-forge xgboost
```

图 0.8　包安装

（3）打开计算机上的终端。

如果不知道终端的位置，搜索 Mac 版的 Terminal 和 Windows 版的 Windows Terminal。

（4）将以下代码粘贴到终端中，按 Enter 键，然后按照提示进行操作：

```
conda install -c conda-forge xgboost
```

（5）根据前一部分所概述的步骤，在新的 Jupyter Notebook 中验证安装是否成功。接下来输入 import xgboost 并按 Shift + Enter 键。应该看到图 0.9 所示内容。

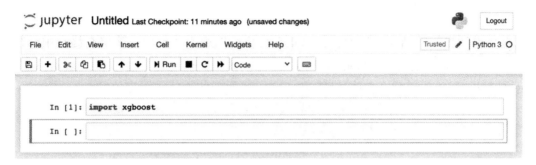

图 0.9　在 Jupyter Notebook 中成功导入 XGBoost

如果没有收到任何错误提示，表示已经具备了运行本书代码所需的全部技术条件。

> **提示**
>
> 如果在尝试设置编程环境时遇到错误，可返回之前的步骤，或考虑查看 Anaconda 错误文档。之前使用过 Anaconda 的用户可在终端中输入 conda update conda 来更新 Anaconda。如果在更新 XGBoost 时遇到问题，可参阅 XGBoost 的官方文档。

软件版本

通过在 Jupyter Notebook 中运行以下代码，可以查看各软件的版本：

```
import platform; print(platform.platform())
import sys; print("Python", sys.version)
import numpy; print("Numpy", numpy.__version__)
import scipy; print("SciPy", scipy.__version__)
import sklearn; print("Scikit-Learn", sklearn.__version__)
import xgboost; print("XGBoost", xgboost.__version__)
```

本书中示例代码所使用的版本如下：

```
Darwin-19.6.0-x86_64-i386-64bit
Python 3.7.7 (default, Mar 26 2020, 10:32:53)
[Clang 4.0.1 (tags/RELEASE_401/final)]
Numpy 1.19.1
SciPy 1.5.2
Scikit-Learn 0.23.2
XGBoost 1.2.0
```

如果版本不同也没有关系。软件一直在更新，当有新版本发布时使用更新版本可能会得到更好的结果。然而，如果正在使用较旧版本的软件，建议在终端中运行 conda update conda，使用 Anaconda 进行更新。如果之前安装了旧版本的 XGBoost，并将其与 Anaconda 进行合并，那么也可以运行 conda update xgboost 进行更新。

目　录

第一部分　装袋和提升

第二部分　XGBoost

第三部分　XGBoost 进阶

第一部分
装袋和提升

使用 pandas 预处理数据并构建标准回归和分类模型，并介绍使用 scikit-learn 默认参数的 XGBoost 模型。通过决策树（XGBoost 基学习器）、随机森林（装袋）和梯度提升评分比较，介绍微调数据集合和基于树的超参数的方法，探索 XGBoost 背后的实用理论。

本部分包括以下章节：

第 1 章"机器学习概览"

第 2 章"深入浅出决策树"

第 3 章"随机森林与装袋法"

第 4 章"从梯度提升到 XGBoost"

第1章　机器学习概览

本书主要介绍关于 XGBoost 的基础知识与技巧，XGBoost 是用于从表格数据中进行预测的最佳机器学习算法。

XGBoost 也称为极限梯度提升。本书将逐步地详细介绍 XGBoost 的结构、功能和强大的潜在能力，围绕 XGBoost 的产生、发展和应用展开论述。通过学习，读者将成为利用 XGBoost 根据真实数据进行预测的专家。

本章将在机器学习回归和分类的大背景下快速介绍 XGBoost。

本章重点关注机器学习的数据准备过程，该过程也被称为数据整理。除了构建机器学习模型外，还将介绍如何使用高效的 Python 代码来加载数据、描述数据、处理空值、将数据转换为数值列、将数据分割为训练和测试集、构建机器学习模型、实现交叉验证，以及比较使用 XGBoost 的线性回归和逻辑回归模型。

本章介绍的概念和库在全书中都有应用，本章内容主要包括以下 4 点：

（1）XGBoost 概览；

（2）数据整理；

（3）回归预测；

（4）分类预测。

1.1　XGBoost 概览

在 20 世纪 40 年代第一个神经网络出现后，机器学习获得认可。到了 20 世纪 50 年代，第一个基于机器学习的西洋跳棋程序获得冠军后，该领域得到了更多关注。又经过几十年的沉寂，在 20 世纪 90 年代，一款名为"深蓝"（Deep Blue）的超级计算机成功战胜了国际象棋冠军卡斯帕罗夫，机器学习领域再次引起轰动。随着计算能力的大幅提升，从 20 世纪 90 年代至 21 世纪初期，论文产出井喷式爆发，一些新的机器学习算法被开发出来，如随机森林和 AdaBoost。

提升（boosting）背后的常用思路是通过迭代改正错误，将弱学习器转换为强学习器。梯度提升的关键思路是使用梯度下降法来使残差误差最小化。本书前 4 章将重点介绍如何从标准机器学习算法进化到梯度提升。

XGBoost 是极限梯度提升（Extreme Gradient Boosting）的缩写。"极限"是指挑战算力的极限，实现准确性和速度的极大提高。XGBoost 的流行很大程度上得益于其在 Kaggle 竞赛中的成功。在该竞赛中，参赛者们通过构建机器学习模型，尝试做出最好的预测并赢得丰厚的奖金。与其他模型相比，XGBoost 的表现已远超其竞争对手。

要想理解 XGBoost 的细节，需要在梯度提升算法的背景下理解机器学习的发展态势。本书将从机器学习的基础知识开始，构建起一个整体性的内容框架。

什么是机器学习

机器学习是指计算机从数据中学习的能力。2020 年，机器学习已经可以预测人类行为、推荐产品、识别面孔、战胜职业扑克选手、发现系外行星、辨识疾病、自动驾驶、实现个性化互联网，乃至能够直接与人类交流。机器学习正在引领人工智能革命，并影响着几乎所有的大型公司的盈利能力。

在实践运作中，机器学习需要实现特定的算法，并根据新进数据来调整算法的权重。机器学习的算法基于数据集，经过学习，从而可以预测股市趋势、公司利润、人类决策、亚原子粒子、最优交通路线，等等。

机器学习是将大数据转换为准确可预测的最佳工具。然而，机器学习并非凭空而生，它需要大量结构化的数据。

1.2　数据整理

数据整理是一个综合术语，它涵盖了机器学习开始之前的各个数据预处理阶段。数据加载、数据清理、数据分析和数据操作都包含在数据整理的范围内。

本章详细介绍了数据整理，所用示例旨在涵盖标准的数据处理问题，它们可以通过 pandas 快速处理。pandas 是作为专门用于处理数据分析的 Python 库。虽然本章范例并不需要读者具有 pandas 的使用经验，但具备基本的 pandas 知识将会有助于理解，所以本章会对所有代码进行解释，以便于不熟悉 pandas 的读者能够理解。

1.2.1　数据集 1：自行车租赁数据集

自行车租赁数据集是本书的第一个数据集。数据来源于 UCI 机器学习资料库，这是一家世界知名的免费对公众开放的数据仓库。本书的自行车租赁数据集已经根据原始数据集进行了调整，添加了一些空值，以便于读者练习纠正它们。

访问数据

数据整理的第一步是访问数据。具体步骤如下。

（1）下载数据。本书的所有文件都已存储在 GitHub 上。通过单击 Clone 按钮可将所有文件下载到本地计算机，如图 1.1 所示。

图 1.1　访问数据

下载数据后，将其移动到方便的位置，如桌面上的 Data 文件夹中。

（2）打开 Jupyter Notebook。单击 Anaconda，然后单击 Jupyter Notebook。或者，在终端中输入 Jupyter Notebook。打开网页浏览器后，应该能够看到一个文件夹和文件列表。进入与自行车租赁数据集相同的文件夹，然后选择 New → Notebook → Python 3 菜单项，如图 1.2 所示。

图 1.2　访问 Jupyter Notebook

> **提示**
>
> 如果在打开 Jupyter Notebook 时遇到困难，请参阅 Jupyter 的官方故障排除指南。

（3）在 Jupyter Notebook 的第一个单元格中输入以下代码：

```
import pandas as pd
```

按 Shift + Enter 键来运行单元。现在已经可以通过 pd 访问 pandas 库了。

（4）使用 pd.read_csv 加载数据。加载数据需要一个 read 函数。read 函数将数据存储为 DataFrame，它是一种用于查看、分析和操作数据的 pandas 对象。在载入数据时将文件名用单引号引起来，然后运行单元格，代码如下：

```
df_bikes = pd.read_csv('bike_rentals.csv')
```

如果数据文件与 Jupyter Notebook 位置不同，必须提供一个数据文件所在位置的目录，如 Download/bike_rental.csv。

现在，数据已经正确地存储在一个名为 df_bikes 的 DataFrame 中。

> **提示**
>
> Tab 键自动补全：在 Jupyter Notebook 上编码时，输入几个字符后，按 Tab 键。对于 CSV 文件，会看到文件名出现。用光标高亮显示该名称，然后按 Enter 键。如果文件名是唯一可用的选项，可以按 Enter 键。Tab 键补全将使编码过程更便捷可靠。

（5）使用 .head() 函数显示数据。最后一步是查看数据，以确保它已正确加载。作为 DataFrame 的一种方法，.head() 能够显示 DataFrame 前 5 行。还可以将任何正整数放在括号里，以查看对应数量的行。输入以下代码，然后按 Shift + Enter 键查看结果：

```
df_bikes.head()
```

图 1.3 展示的是 bike_rental.csv 数据集前 5 行数据。

```
# Import pandas
import pandas as pd

# Upload 'bike_rentals.csv' to dataFrame
df_bikes = pd.read_csv('bike_rentals.csv')

# Display first 5 rows
df_bikes.head()
```

	instant	dteday	season	yr	mnth	holiday	weekday	workingday	weathersit	temp	atemp	hum	windspeed	casual	registered	cnt
0	1	2011-01-01	1.0	0.0	1.0	0.0	6.0	0.0	2	0.344167	0.363625	0.805833	0.160446	331	654	985
1	2	2011-01-02	1.0	0.0	1.0	0.0	0.0	0.0	2	0.363478	0.353739	0.696087	0.248539	131	670	801
2	3	2011-01-03	1.0	0.0	1.0	0.0	1.0	1.0	1	0.196364	0.189405	0.437273	0.248309	120	1229	1349
3	4	2011-01-04	1.0	0.0	1.0	0.0	2.0	1.0	1	0.200000	0.212122	0.590435	0.160296	108	1454	1562
4	5	2011-01-05	1.0	0.0	1.0	0.0	3.0	1.0	1	0.226957	0.229270	0.436957	0.186900	82	1518	1600

图 1.3　bike_rental.csv 数据集前 5 行数据

现在已经可以访问数据，接下来介绍三种理解数据的方法。

1.2.2　理解数据

以下是理解数据的三种重要方法。

1 . .head() 函数

.head() 是一种广泛使用的方法，用来解释列名和列编号。如图 1.3 所示，dteday 字段表示日期，而 instant 字段则是一个有序索引。

2 . .describe() 函数

可以使用 .describe() 函数来查看数字统计数据，代码如下：

```
df_bikes.describe()
```

上述代码的输出如图 1.4 所示。

	instant	season	yr	mnth	holiday	weekday	workingday	weathersit	temp	atemp	hum	windspeed
count	731.000000	731.000000	730.000000	730.000000	731.000000	731.000000	731.000000	731.000000	730.000000	730.000000	728.000000	726.000000
mean	366.000000	2.496580	0.500000	6.512329	0.028728	2.997264	0.682627	1.395349	0.495587	0.474512	0.627987	0.190476
std	211.165812	1.110807	0.500343	3.448303	0.167155	2.004787	0.465773	0.544894	0.183094	0.163017	0.142331	0.077725
min	1.000000	1.000000	0.000000	1.000000	0.000000	0.000000	0.000000	1.000000	0.059130	0.079070	0.000000	0.022392
25%	183.500000	2.000000	0.000000	4.000000	0.000000	1.000000	0.000000	1.000000	0.336875	0.337794	0.521562	0.134494
50%	366.000000	3.000000	0.500000	7.000000	0.000000	3.000000	1.000000	1.000000	0.499167	0.487364	0.627083	0.180971
75%	548.500000	3.000000	1.000000	9.750000	0.000000	5.000000	1.000000	2.000000	0.655625	0.608916	0.730104	0.233218
max	731.000000	4.000000	1.000000	12.000000	1.000000	6.000000	1.000000	3.000000	0.861667	0.840896	0.972500	0.507463

图 1.4　.describe() 函数的输出

可能需要向右滚动窗口才能看到所有列。比较均值（mean）和中位数（50%）可以看出偏度。由图 1.4 可知，均值和中位数相差不大，因此数据大致对称。该图还显示了每列的最大值和最小值，以及四分位数和标准差（std）。

3 . .info() 函数

.info() 函数会显示关于列和行的基本信息，代码如下：

```
df_bikes.info()
```

以下是上述代码的输出：

```
<class 'pandas.core.frame.DataFrame'>
RangeIndex: 731 entries, 0 to 730
Data columns (total 16 columns):
 #     Column       Non-Null Count     Dtype
---    ------       --------------     -----
 0     instant      731 non-null       int64
 1     dteday       731 non-null       object
 2     season       731 non-null       float64
 3     yr           730 non-null       float64
 4     mnth         730 non-null       float64
 5     holiday      731 non-null       float64
```

```
6        weekday          731 non-null      float64
7        workingday       731 non-null      float64
8        weathersit       731 non-null      int64
9        temp             730 non-null      float64
10       atemp            730 non-null      float64
11       hum              728 non-null      float64
12       windspeed        726 non-null      float64
13       casual           731 non-null      int64
14       registered       731 non-null      int64
15       cnt              731 non-null      int64
dtypes:  float64(10),int64(5),object(1)
memory usage: 91.5+ KB
```

.info() 函数给出了行数、列数、列类型和非空值的数量。既然非空值在不同列之间不同，那么空值必定存在。

1.2.3　纠正空值

如果不纠正空值，则可能会在后续过程中出现意料之外的错误。本节将介绍多种方法用于纠正空值。这些范例不仅展示了如何纠正空值，还旨在突出 pandas 的广度和深度。以下方法可用于纠正空值。

1. 查找空值的数量

显示空值总数的代码如下所示：

```
df_bikes.isna().sum().sum()
```

输出结果如下：

```
12
```

显示空值总数需要两个 .sum() 函数。第一个 .sum() 函数对每列的空值求和，第二个函数则对列计数求和。

2. 显示空值

以下代码显示包含空值的所有行：

```
df_bikes[df_bikes.isna().any(axis=1)]
```

上述代码可以如下分解：df_bikes[conditional] 是满足括号中条件的 df_bikes 的一个子集。df_bikes.isna().any() 函数收集所有空值，而 (axis=1) 参数指定的是列中的值，因为在 pandas 中，行是 axis 0，列是 axis 1。

图 1.5 是自行车租赁数据集空值显示代码的输出结果。

	instant	dteday	season	yr	mnth	holiday	weekday	workingday	weathersit	temp	atemp	hum	windspeed	casual	registered	cnt
56	57	2011-02-26	1.0	0.0	2.0	0.0	6.0	0.0	1	0.282500	0.282192	0.537917	NaN	424	1545	1969
81	82	2011-03-23	2.0	0.0	3.0	0.0	3.0	1.0	2	0.346957	0.337939	0.839565	NaN	203	1918	2121
128	129	2011-05-09	2.0	0.0	5.0	0.0	1.0	1.0	1	0.532500	0.525246	0.588750	NaN	664	3698	4362
129	130	2011-05-10	2.0	0.0	5.0	0.0	2.0	1.0	1	0.532500	0.522721	NaN	0.115671	694	4109	4803
213	214	2011-08-02	3.0	0.0	8.0	0.0	2.0	1.0	1	0.783333	0.707071	NaN	0.205850	801	4044	4845
298	299	2011-10-26	4.0	0.0	10.0	0.0	3.0	1.0	2	0.484167	0.472846	0.720417	NaN	404	3490	3894
388	389	2012-01-24	1.0	1.0	1.0	0.0	2.0	1.0	1	0.342500	0.349108	NaN	0.123767	439	3900	4339
528	529	2012-06-12	2.0	1.0	6.0	0.0	2.0	1.0	2	0.653333	0.597875	0.833333	NaN	477	4495	4972
701	702	2012-12-02	4.0	1.0	12.0	0.0	0.0	0.0	2	NaN	NaN	0.823333	0.124379	892	3757	4649
730	731	2012-12-31	1.0	NaN	NaN	0.0	1.0	0.0	2	0.215833	0.223487	0.577500	0.154846	439	2290	2729

图 1.5　自行车租赁数据集空值

从图 1.5 可以看出，windspeed、humidity 和 temperature 列以及最后一行中有空值。

> **提示**
>
> 如果读者第一次使用 pandas，可能需要一些时间来习惯它独特的表示法，可参考 Packt 出版的 *Hands-On Data Analysis with Pandas* 一书，其中有完备的讲解。

3. 纠正空值的其他策略

根据列和数据集的不同，采用不同的策略对空值进行纠正，具体如下所述：

1）使用中位数或平均数进行替换

用中位数或平均值代替空值，即用该列的平均值替换空值。例如，对于 'windspeed' 列，空值可以替换为中位数，代码如下：

```
df_bikes['windspeed'].fillna((df_bikes['windspeed'].edian()),lace=True)
```

df_bikes['windspeed'].fillna 表示将填充 'windspeed' 列的空值。df_bikes['windspeed'].median() 是 'windspeed' 列的中位数。最后，inplace=True 代码确保了更改是永久性的。

> **提示**
>
> 中位数通常是比平均值更好的选择。中位数能保证一半数据大于给定值，一半数据小于给定值。相比之下，平均值容易受到异常值的影响。

如图 1-5 所示，df_bikes[df_bikes.isna().any(axis=1)] 显示第 56 行和 81 行中的风速为空值。这些行可以使用 .iloc（即索引位置，index location 的缩写）显示，代码如下：

```
df_bikes.iloc[[56,81]]
```

上述代码的输出结果如图 1.6 所示。

	instant	dteday	season	yr	mnth	holiday	weekday	workingday	weathersit	temp	atemp	hum	windspeed	casual	registered	cnt
56	57	2011-02-26	1.0	0.0	2.0	0.0	6.0	0.0	1	0.282500	0.282192	0.537917	0.180971	424	1545	1969
81	82	2011-03-23	2.0	0.0	3.0	0.0	3.0	1.0	2	0.346957	0.337939	0.839565	0.180971	203	1918	2121

图 1.6　第 56 行和第 81 行

由图 1.6 可以看到，空值已用风速的中位数替换。

> **提示**
>
> 用户在使用 pandas 时经常会犯单括号或双括号错误。.iloc 对一个索引使用单括号，如 df_bikes.iloc[56]。不过，df_bikes 也接受括号内的列表，以允许多个索引。多个索引需要双括号，如 df_bikes.iloc[[56，81]]。

2）按中位数 / 平均值分组

使用 .groupby() 函数可以更细致地纠正空值。.groupby() 函数按共享值组织行。因为每一行的数值实际上分布在四个共享的季节中，所以如按季节分组，总共有四行，每个季节一行。但是每个季节都有来自不同的行的不同的值，所以需要一种方法来组合（或者说聚合）这些值。聚合可供选择的方法有：.sum()、.count()、.mean() 和 .median()。下面我们使用 .median()，按季节对 df_bikes 进行分组，代码如下：

```
df_bikes.groupby(['season']).median()
```

图 1.7 是按季节对 df_bikes 分组的输出结果。

season	instant	yr	mnth	holiday	weekday	workingday	weathersit	temp	atemp	hum	windspeed	casual	registered	cnt
1.0	366.0	0.5	2.0	0.0	3.0	1.0	1.0	0.285833	0.282821	0.543750	0.202750	218.0	1867.0	2209.0
2.0	308.5	0.5	5.0	0.0	3.0	1.0	1.0	0.562083	0.538212	0.646667	0.191546	867.0	3844.0	4941.5
3.0	401.5	0.5	8.0	0.0	3.0	1.0	1.0	0.714583	0.656575	0.635833	0.165115	1050.5	4110.5	5353.5
4.0	493.0	0.5	11.0	0.0	3.0	1.0	1.0	0.410000	0.409708	0.661042	0.167918	544.5	3815.0	4634.5

图 1.7　按季节对 df_bikes 分组的输出结果

如图 1.7 所示，各列值是中位数。

为了纠正 hum 列表征（湿度）中的空值，可以按季节获取湿度的中位数。纠正 hum 列中空值的代码是 df_bikes['hum'] = df_bikes['hum'].fillna()。fillna 中的代码是期望值。通过 groupby 得到的值需要使用 .transform() 函数，如下所示：

```
df_bikes.groupby('season')['hum'].transform('median')
```

接着，将上述代码合并为一行较长的代码：

```
df_bikes['hum'] = df_bikes['hum'].fillna(df_bikes.
groupby('season')['hum'].transform('median'))
```

可以通过检查 df_bikes.iloc[[129, 213, 388]] 来验证转换是否正确。

3）获取特定行的中位数 / 平均值

在某些情况下，用特定行中的数据替换空值可能更具优势。在校正温度时，除了查阅历史记录外，前后两天的平均温度应该能够提供一种较好的预估。要想查找 'temp' 列中的空值，输入以下代码：

```
df_bikes[df_bikes['temp'].isna()]
```

图 1.8 是包括 'temp' 列空值的输出结果。

	instant	dteday	season	yr	mnth	holiday	weekday	workingday	weathersit	temp	atemp	hum	windspeed	casual	registered	cnt
701	702	2012-12-02	4.0	1.0	12.0	0.0	0.0	0.0	2	NaN	NaN	0.823333	0.124379	892	3757	4649

图 1.8　'temp' 列空值的输出结果

索引 701 行包含空值。

为查找索引 701 行前后两天的平均温度，可按以下步骤进行计算：

（1）将第 700 行和第 702 行的温度值相加，然后除以 2。针对 'temp' 和 'atemp' 列执行以下操作：

```
mean_temp=(df_bikes.iloc[700]['temp']+df_bikes.iloc[702]['temp'])/2
mean_atemp=(df_bikes.iloc[700]['atemp']+df_bikes.iloc[702]['atemp'])/2
```

（2）替换 'temp' 和 'atemp' 两字段的空值，代码如下：

```
df_bikes['temp'].fillna((mean_temp), inplace=True)
df_bikes['atemp'].fillna((mean_atemp), inplace=True)
```

然后，读者可以自行验证空值是否如预期一般填充。

4）推算日期

纠正空值的最后一个策略还涉及日期。当提供真实日期时，可以推算出日期值。df_bikes['dteday'] 是一个日期列，但是 df_bikes.info() 所显示的列的类型是一个对象，通常表示为一个字符串。诸如年和月之类的日期对象必须要从 datetime 类型对象中推断出来。可以使用 to_datetime 函数将 df_bikes['dteday'] 转换为 'datetime' 类型，如下所示：

```
df_bikes['dteday'] = pd.to_datetime(df_bikes['dteday'],infer_datetime_
format=True)
```

infer_datetime_format=True 允许 pandas 决定要存储的 datetime 对象，在大多数情况下这都是一种安全的选择。

要推断单个列，首先导入 datetime 库，代码如下：

```
import datetime as dt
```

现在可以用一些不同的方法来推断出空值的日期。标准的方法之一是将 'mnth' 列转换为从 'dteday' 列推断出的正确月份。这样做可以修复转换中可能出现的任何其他错误，当然前提要求 'dteday' 列必须是正确的。代码如下：

```
df_bikes['mnth']=df_bikes['dteday'].dt.month
```

验证修改结果非常重要。由于空日期值在最后一行，所以可以使用 .tail() 函数，它类似于 .head() 函数的 DataFrame 函数，不过显示的是最后 5 行，代码如下：

```
df_bikes.tail()
```

如图 1.9 所示，推断 'mnth' 字段日期后，显示最后 5 行内容。

	instant	dteday	season	yr	mnth	holiday	weekday	workingday	weathersit	temp	atemp	hum	windspeed	casual	registered	cnt
726	727	2012-12-27	1.0	1.0	12	0.0	4.0	1.0	2	0.254167	0.226642	0.652917	0.350133	247	1867	2114
727	728	2012-12-28	1.0	1.0	12	0.0	5.0	1.0	2	0.253333	0.255046	0.590000	0.155471	644	2451	3095
728	729	2012-12-29	1.0	1.0	12	0.0	6.0	0.0	2	0.253333	0.242400	0.752917	0.124383	159	1182	1341
729	730	2012-12-30	1.0	1.0	12	0.0	0.0	0.0	1	0.255833	0.231700	0.483333	0.350754	364	1432	1796
730	731	2012-12-31	1.0	NaN	12	0.0	1.0	0.0	2	0.215833	0.223487	0.577500	0.154846	439	2290	2729

图 1.9　推断日期值的输出结果

由结果可知，月份值都是正确，但年份值还需要更改。

'dteday' 列中的年份均为 2012，但 'yr' 列提供的对应年份为 1.0。这是因为数据被归一化，并被转换为 0 ~ 1 的值。

归一化数据通常更有效，因为机器学习权重不必针对不同范围进行调整。

回到纠正空值的主题上来，可以使用 .loc() 函数来填写正确的数值。.loc() 函数可按行和列定位条目，代码如下所示：

```
df_bikes.loc[730,'yr']=1.0
```

现在，练习了如何纠正空值，并且了解到使用 pandas 的一些相关技巧，接下来解决非数字列的问题。

4. 删除非数字列

对于机器学习而言，所有的数据列都应该是数值类型的。由 df.info() 显示结果可知，

df_bikes['dteday'] 是唯一一个非数值列。此外，由于所有日期信息都存在于其他列中，所以 'dteday' 列是多余的。可按如下方式删除该列：

```
df_bikes = df_bikes.drop('dteday', axis=1)
```

现在，我们已经拥有了所有数值列，并且没有空值，完成了进行机器学习的数据准备。

1.3　回归预测

机器学习算法旨在使用来自一个或多个输入列的数据来预测一个输出列的值。这些预测所依赖的数学方程，也正是人们在解决常见的机器学习问题的过程中所用到的。大多数监督学习问题可以分为回归或分类两类。本节将在回归的背景下介绍机器学习。

1.3.1　预测自行车租赁数量

在自行车租赁数据集中，df_bikes['cnt'] 表示某一天的自行车租赁数量。预测这一列对于一家自行车租赁公司将非常有用。本节目标是根据已知数据预测特定一天中租赁的自行车数量，这些数据包括当日是否为假期或工作日，以及温度、湿度、风力等级等信息。

由数据集可知，df_bikes['cnt'] 是 df_bikes['casual'] 与 df_bikes['registered'] 的和。如果把 df_bikes['registered'] 和 df_bikes['casual'] 作为输入列，则预测总是 100% 准确，因为把这些列加起来，总是能够得到正确的结果。虽然完美预测在理论上是理想的，但把现实中未知的输入列包含进来，却是毫无意义的。

除了之前解释过的 'casual' 和 'registered' 外，所有当前列均可以用来预测 df_bikes['cnt']。使用 .drop 函数删除 'casual' 和 'registered' 列，代码如下：

```
df_bikes = df_bikes.drop(['casual', 'registered'], axis=1)
```

至此，数据集就已准备就绪了。

1.3.2　保存数据以备将来使用

本书将会多次用到自行车租赁数据集。读者可将整理后的数据集导出为 CSV 文件以供将来使用，不必每次运行该笔记本代码进行数据整理，执行如下代码：

```
df_bikes.to_csv('bike_rentals_cleaned.csv', index=False)
```

上述代码中的 index=False 参数能够防止索引创建额外的列。

1.3.3　声明预测列和目标列

机器学习的工作原理是，对每个预测列（输入列）进行数学运算以确定目标列（输出列）。

通常预测列用大写字母 X 表示，目标列用小写字母 y 表示。

由于在自行车租赁数据集中，目标列是最后一列，将数据分成预测列和目标列的过程可以通过使用索引符号进行切分来完成，代码如下：

```
X=df_bikes.iloc[:, :-1]
y=df_bikes.iloc[:, -1]
```

上述代码中，逗号将列与行分开。第一个冒号表示所有行都被包括在内。逗号后的 :-1 表示从第一列开始一直到最后一列，但不包括最后一列。第二个 -1 只取最后一列。

1.3.4　理解回归

在现实中，预测得出的自行车租赁数量可能会是任何非负整数。当目标列取值的值域无限时，机器学习问题其实就是**回归问题**。

最常见的回归算法是线性回归。线性回归将每个预测列作为一个多项式变量，并将其值乘以系数（也称为权重）来预测目标列。内部采用梯度下降法以最小化误差。线性回归的预测结果可以是任何实数。

在运行线性回归之前，必须将数据分成训练集和测试集。训练集将数据拟合到算法中，使用目标列来最小化误差。待模型建立后，会根据测试数据对其进行评分。

一定要保留一个测试数据集用于模型评分，这一点非常重要。在大数据研究中，由于存在大量数据点可供训练，过拟合训练集的情况很常见。过拟合通常是不好的，因为模型会过于紧密地调整自己以适应离群值、异常情况或临时趋势。强大的机器学习模型不仅能够很好地泛化到新数据，而且也能在一定程度上较准确地捕捉手头数据的细微差别，换句话说就是能够在两者之间达到良好的平衡。这个概念将在第 2 章中详细探讨。

1.3.5 访问 scikit-learn

本书所有的机器学习库都将通过 scikit-learn 来处理。scikit-learn 的可调整范围、易用性和计算能力使其成为全球最广泛使用的机器学习库之一。

从 scikit-learn 中导入 train_test_split 和 LinearRegression，代码如下：

```
from sklearn.model_selection import train_test_split
from sklearn.linear_model import LinearRegression
```

接下来，将数据分为训练集和测试集，代码如下：

```
X_train, X_test, y_train, y_test = train_test_split(X, y, random_state=2)
```

注意，上述代码中的参数 random_state=2 意味着正在选择一个伪随机数生成器的种子，以确保可重现的结果。

1.3.6 关闭警告信息

在构建第一个机器学习模型之前，先将所有警告予以关闭。scikit-learn 的警告用于通知用户功能库未来的变化。一般不建议关闭警告，但由于本书代码已经通过测试，所以在 Jupyter Notebook 中关闭它以节省空间。可以按照以下方式关闭警告：

```
import warnings
warnings.filterwarnings('ignore')
```

接下来将构建第一个模型。

1.3.7 线性回归建模

线性回归模型可分以下几步建立完成：

（1）初始化一个机器学习模型，代码如下：

```
lin_reg = LinearRegression()
```

（2）在训练集上拟合模型，从而开始构建机器学习模型。X_train 是预测列，而 y_train 是目标列，代码如下：

```
lin_reg.fit(X_train, y_train)
```

（3）对测试集进行预测。通过使用 lin_reg 模型的 .predict 函数，将测试集中的预测列 X_test 的预测值存储为 y_pred，代码如下：

```
y_pred = lin_reg.predict(X_test)
```

（4）借助测试集比较预测结果。对模型进行评分需要有一个比较基准。线性回归的标准是**均方根误差（RMSE）**。计算均方根误差需要两个步骤：先计算 mean_squared_error，即每个预测值与实际值的差值的平方和的平均数，然后再对该平均数求平方根。导入 mean_squared_error，并且使用 Numerical Python 库（通常称为 NumPy 库）求平方根，这是一个专为配合 pandas 而设计的速度极快的算法库。

（5）导入 mean_squared_error 和 NumPy 库，计算均方误差并对其开方，代码如下：

```
from sklearn.metrics import mean_squared_error
import numpy as np
mse = mean_squared_error(y_test, y_pred)
rmse = np.sqrt(mse)
```

（6）打印均方根误差值：

```
print("RMSE: %0.2f" % (rmse))
```

上述代码执行结果如下：

```
RMSE: 898.21
```

图 1.10 是构建的第一个机器学习模型的所有代码的屏幕截图。

```
# Initialize LinearRegression model
lin_reg = LinearRegression()

# Fit lin_reg on training data
lin_reg.fit(X_train, y_train)

# Predict X_test using lin_reg
y_pred = lin_reg.predict(X_test)

# Import mean_squared_error
from sklearn.metrics import mean_squared_error

# Import numpy
import numpy as np

# Compute mean_squared_error as mse
mse = mean_squared_error(y_test, y_pred)

# Compute root mean squared error as rmse
rmse = np.sqrt(mse)

# Display root mean squared error
print("RMSE: %0.2f" % (rmse))

RMSE: 898.21
```

图 1.10　构建机器学习模型的代码

在不知道预期的自行车出租数量范围的情况下，很难确定 898 这个出租量误差的优劣。

可以在 df_bikes['cnt'] 列上使用 .describe() 函数来获取范围等统计信息，代码如下：

```
df_bikes['cnt'].describe()
```

上述代码输出如下：

```
count     731.000000
mean     4504.348837
std      1937.211452
min        22.000000
25%      3152.000000
50%      4548.000000
75%      5956.000000
max      8714.000000
Name:cnt, dtype:float64
```

这个范围为 22 ~ 8714，平均值为 4504，标准差为 1937。所以上述预测均方根误差为 898，虽然不算差，但也不是太好。

1.3.8　XGBoost

线性回归是解决回归问题的众多可用算法之一。其他回归算法可能会产生更好的结果。一般的策略是尝试使用不同的回归器来比较评分。本书将尝试众多回归器，包括决策树、随机森林、梯度提升和 XGBoost。

本书稍后将全面介绍 XGBoost。目前，XGBoost 包含一个称为 XGBRegressor 的回归器，可用于任何回归数据集，包括刚刚演示的自行车租赁数据集。接下来在自行车租赁数据集上，将 XGBRegressor 与线性回归进行回归结果比较。

如果还未安装 XGBoost，则按照序中所述方法安装。

1.3.9　XGBRegressor

安装好 XGBoost 后，可以按如下方式导入 XGBRegressor：

```
from xgboost import XGBRegressor
```

建立 XGBRegressor 的一般步骤与 LinearRegression 相同，唯一的区别是初始化所要使用的是 XGBRegressor，而不是 LinearRegression，接下来详细介绍使用步骤。

（1）初始化机器学习模型，代码如下：

```
xg_reg = XGBRegressor()
```

（2）在训练集上拟合模型。如果在使用 XGBoost 时收到警告信息，忽略即可：

```
xg_reg.fit(X_train, y_train)
```

（3）对测试集进行预测，代码如下：

```
y_pred = xg_reg.predict(X_test)
```

（4）与测试集进行预测比对，代码如下：

```
mse = mean_squared_error(y_test, y_pred)
rmse = np.sqrt(mse)
```

（5）打印预测结果，代码如下：

```
print("RMSE: %0.2f" % (rmse))
```

上述代码输出如下：

```
RMSE: 705.11
```

与线性回归相比，XGBRegressor 在自行车租赁数据集预测上表现更好，具体原因将在第 5 章详细介绍。

1.3.10 交叉验证

将数据分成不同的训练集和测试集会得出不同的结果，因此单个测试评分并不可靠。由于将数据拆分为训练集和测试集是任意的，所以不同的 random_state 会导致不同的均方根误差。

一种解决不同数据集分组评分差异的方法是 K 折交叉验证。该方法是将数据多次分割为不同的训练集和测试集，然后再取得分的平均值。分割次数由 k 表示。3 次、4 次、5 次或 10 次分割是标准配置。

图 1.11 描述了 K 折交叉验证的工作原理。

交叉验证的工作原理是：在第一个训练集上拟合机器学习模型，并根据第一个测试集对其进行评分；然后为第二次分割提供不同的训练集和测试集，从而得到一个新的机器学习模型及其自己的评分；第三次分割会得到一个新模型，并根据另一个测试集对其评分，余次拆分以此类推。

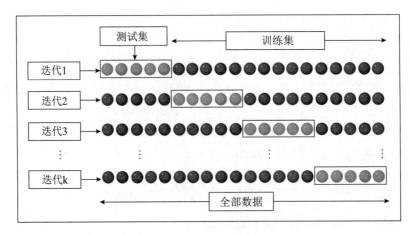

图 1.11　K 折交叉验证工作原理示意图

在数据集分割过程中，训练集将会有重叠，但测试集却不会。

选择拆分次数取决于数据本身。5 折交叉验证是标准的做法，因为每次都会保留测试集的 20%。在 10 折交叉验证中，只有 10% 的数据被保留作为测试集，有 90% 的数据可以用于训练，均值不易受到异常值的影响。对于较小的数据集，3 次分割可能更为适宜。

最终，k 个不同的测试集，将有 k 个不同的得分用于对模型进行评估。将 K 折交叉验证的平均得分作为最终评估指标得分，比单独使用某次分割更加可靠。

cross_val_score 是一种方便的交叉验证实现方式。它的输入包括一个机器学习算法以及预测列和目标列，还可以选择性地添加一些参数，如评分指标和所需的分割数。

1. 线性回归交叉验证

接下来以 LinearRegression 为例来学习使用交叉验证。

首先，从 cross_val_score 库中导入 cross_val_score，代码如下：

```
from sklearn.model_selection import cross_val_score
```

然后使用交叉验证来构建机器学习模型并对其评分，具体步骤如下。

（1）初始化机器学习模型，代码如下：

```
model = LinearRegression()
```

（2）使用模型、X、y、scoring='neg_mean_squared_error' 和拆分数 cv=10 作为输入来实现 cross_val_score，代码如下：

```
scores = cross_val_score(model, X, y, scoring='neg_mean_ squared_
error', cv=10)
```

> **提示**
>
> 之所以使用 scoring='neg_mean_squared_error' 参数，是因为 scikit-learn 旨在训练模型时选择最高评分，这对于精确度来说很有效，但对于误差来说并不最优。通过取每个均方误差的负值，最低值变成了最高值，并通过 rmse = np.sqrt(-scores) 进行补偿，因此最终的结果为正值。

（3）通过对负评分求平方根，找到均方根误差，代码如下：

```
rmse = np.sqrt(-scores)
```

（4）显示上述代码执行结果，代码如下：

```
print('Reg rmse:', np.round(rmse, 2))
print('RMSE mean: %0.2f' % (rmse.mean()))
```

上述代码执行结果如下：

```
Reg rmse: [ 504.01 840.55 1140.88   728.39    640.2   969.95
1133.45 1252.85 1084.64  1425.33]
RMSE mean: 972.02
```

线性回归模型的平均误差为 972.06，比之前获得的 980.38 稍好一些。但这里的重点并不在于评分更好或更差，关键在于这个预估方法显然更优秀，可以更好地预测线性回归在未知数据上的表现。

建议读者始终使用交叉验证来更好地估计评分。

> **关于打印函数**
>
> 当运行机器学习代码时，全局的打印函数并非总是必要的，但如果想打印出多行并按照所示格式输出，则会有帮助。

2. XGBoost 的交叉验证

接下来使用 XGBRegressor 进行交叉验证。除了初始化模型之外，其余步骤与 LinearRegression 相同。

（1）初始化机器学习模型，代码如下：

```
model = XGBRegressor()
```

（2）使用模型、X、y、评分方法（scoring），以及拆分数（cv）作为输入，实现交叉验证评分（cross_val_score），代码如下：

```
scores = cross_val_score(model, X, y, scoring='neg_mean_ squared_
error', cv=10)
```

（3）通过对负评分求平方根，找到均方根误差，代码如下：

```
rmse = np.sqrt(-scores)
```

（4）打印执行结果，代码如下：

```
print('Reg rmse:', np.round(rmse, 2))
print('RMSE mean: %0.2f' % (rmse.mean()))
```

上述代码执行结果如下：

```
Reg rmse: [ 717.65 692.8  520.7  737.68 835.96
1006.24    991.34 747.61 891.99 1731.13]
RMSE mean: 887.31
```

由上述执行结果可知，XGBRegressor 比线性回归好了约 10%。

1.4　分类预测

由 1.3 节可见，XGBoost 在回归方面有优势，但它也具有分类模型，下面将其与经过充分验证的分类模型（如逻辑回归）进行评估比较。

1.4.1　什么是分类？

与回归不同的是，当使用有限的输出预测目标列时，机器学习算法被归类为分类算法。分类可能的输出结果包括以下内容：

（1）Yes、No。

（2）Spam、 Not Spam。

（3）0、1。

（4）Red、 Blue、 Green、Yellow、 Orange。

1.4.2　数据集 2：人口普查数据集

接下来将快速浏览第 2 个数据集：人口普查收入数据集。我们打算通过该数据集来预测个人收入。

1. 数据整理

在实现机器学习之前，必须对数据集进行预处理。当测试新算法时，必须要保证所有数值列都不存在空值。

1）数据加载

由于此数据集直接托管在 UCI 机器学习网站上，因此直接下载 pd.read_csv 文件，代码如下：

```
df_census=pd.read_csv(https://archive.ics.uci.edu/ml/machine-learning-
databases/adult/adult.data')
df_census.head()
```

图 1.12 是人口普查收入数据集前 5 行数据输出结果。

	39	State-gov	77516	Bachelors	13	Never-married	Adm-clerical	Not-in-family	White	Male	2174	0	40	United-States	<=50K
0	50	Self-emp-not-inc	83311	Bachelors	13	Married-civ-spouse	Exec-managerial	Husband	White	Male	0	0	13	United-States	<=50K
1	38	Private	215646	HS-grad	9	Divorced	Handlers-cleaners	Not-in-family	White	Male	0	0	40	United-States	<=50K
2	53	Private	234721	11th	7	Married-civ-spouse	Handlers-cleaners	Husband	Black	Male	0	0	40	United-States	<=50K
3	28	Private	338409	Bachelors	13	Married-civ-spouse	Prof-specialty	Wife	Black	Female	0	0	40	Cuba	<=50K
4	37	Private	284582	Masters	14	Married-civ-spouse	Exec-managerial	Wife	White	Female	0	0	40	United-States	<=50K

图 1.12　人口普查收入数据集

如图 1.12 所示，列标题只与第一行的条目相关。当发生这种情况时，可以使用 header=None 参数重新加载数据，代码如下：

```
df_census=pd.read_csv('https://archive.ics.uci.edu/ml/machine-learning-
databases/adult/adult.data', header=None)
df_census.head()
```

上述代码执行结果如图 1.13 所示。

	0	1	2	3	4	5	6	7	8	9	10	11	12	13	14
0	39	State-gov	77516	Bachelors	13	Never-married	Adm-clerical	Not-in-family	White	Male	2174	0	40	United-States	<=50K
1	50	Self-emp-not-inc	83311	Bachelors	13	Married-civ-spouse	Exec-managerial	Husband	White	Male	0	0	13	United-States	<=50K
2	38	Private	215646	HS-grad	9	Divorced	Handlers-cleaners	Not-in-family	White	Male	0	0	40	United-States	<=50K
3	53	Private	234721	11th	7	Married-civ-spouse	Handlers-cleaners	Husband	Black	Male	0	0	40	United-States	<=50K
4	28	Private	338409	Bachelors	13	Married-civ-spouse	Prof-specialty	Wife	Black	Female	0	0	40	Cuba	<=50K

图 1.13　使用参数 header=None 后的输出结果

但是列标题仍然缺失。这些标题可以从人口普查收入数据集网站的属性信息页面中查看。

列标题可以按如下方式更改：

```
df_census.columns=['age', 'workclass', 'fnlwgt', 'education',
   'education-num', 'marital-status', 'occupation',
   'relationship', 'race', 'sex', 'capital-gain', 'capital-
   loss', 'hours-per-week', 'native-country', 'income']
df_census.head()
```

图 1.14 是带有列标题的人口普查收入数据集前 5 行输出。

	age	workclass	fnlwgt	education	education-num	marital-status	occupation	relationship	race	sex	capital-gain	capital-loss	hours-per-week	native-country	income
0	39	State-gov	77516	Bachelors	13	Never-married	Adm-clerical	Not-in-family	White	Male	2174	0	40	United-States	<=50K
1	50	Self-emp-not-inc	83311	Bachelors	13	Married-civ-spouse	Exec-managerial	Husband	White	Male	0	0	13	United-States	<=50K
2	38	Private	215646	HS-grad	9	Divorced	Handlers-cleaners	Not-in-family	White	Male	0	0	40	United-States	<=50K
3	53	Private	234721	11th	7	Married-civ-spouse	Handlers-cleaners	Husband	Black	Male	0	0	40	United-States	<=50K
4	28	Private	338409	Bachelors	13	Married-civ-spouse	Prof-specialty	Wife	Black	Female	0	0	40	Cuba	<=50K

图 1.14　包括列标题的人口普查收入数据集

2）空值

要想便捷地检查空值，可以利用 DataFrame.info() 函数，代码如下：

```
df_census.info()
```

上述代码输出如下：

```
<class 'pandas.core.frame.DataFrame'>
RangeIndex: 32561 entries, 0 to 32560
Data columns (total 15 columns):
 #   Column          Non-Null Count    Dtype
---  ------          --------------    -----
 0   age             32561 non-null    int64
 1   workclass       32561 non-null    object
 2   fnlwgt          32561 non-null    int64
 3   education       32561 non-null    object
 4   education-num   32561 non-null    int64
 5   marital-status  32561 non-null    object
 6   occupation      32561 non-null    object
 7   relationship    32561 non-null    object
 8   race            32561 non-null    object
 9   sex             32561 non-null    object
 10  capital-gain    32561 non-null    int64
```

```
11    capital-loss       32561 non-null       int64
12    hours-per-week     32561 non-null       int64
13    native-country     32561 non-null       object
14    income             32561 non-null       object
dtypes: int64(6), object(9)
memory usage: 3.7+ MB
```

因为所有列都有相同数量的非空行,所以可以推断没有空值。

3)非数值列

含有 dtype 对象的所有列都必须转换为数值列。pandas 的 get_dummies 函数会取每一列的非数字唯一值,并将其转换为它们自己的列,1 表示存在,0 表示不存在。例如,一个名为 Book Types 的 DataFrame 的列值是 hardback、paperback 或 ebook。使用 pd.get_dummies 后,将创建 3 个名为 hardback、paperback 和 ebook 的新列,来替换 Book Types 列。

图 1.15 展示的是名为 Book Types 的 DataFrame 列值。

	Book Types
0	hardback
1	paperback
2	ebook

图 1.15　Book Types 的 DataFrame 列值

图 1.16 展示的是经过 pd.get_dummies 处理后的相同 DataFrame 列值。

	hardback	paperback	ebook
0	1	0	0
1	0	1	0
2	0	0	1

图 1.16　经过处理后的新 DataFrame 列值

pd.get_dummies 会创建很多新的列,因此值得检查是否有任何列可以被删除。快速查看 df_census 数据会发现 'education' 列和 'education_num' 列。很明显,'education_num' 列是对 'education' 列进行数值转换的结果。因为信息是相同的,所以可以删除 'education' 列,代码如下:

```
df_census = df_census.drop(['education'], axis=1)
```

使用 pd.get_dummies 将非数值列转换为数值列的代码如下:

```
df_census = pd.get_dummies(df_census)
df_census.head()
```

如图 1.17 所示，将人口普查收入数据集中的非数值列转换为数值列的输出。

	age	fnlwgt	education-num	capital-gain	capital-loss	hours-per-week	workclass_?	workclass_Federal-gov	workclass_Local-gov	workclass_Never-worked	...	native-country_Scotland	native-country_South	native-country_Thailand	native-co Trinadad&T
0	39	77516	13	2174	0	40	0	0	0	0	...	0	0	0	0
1	50	83311	13	0	0	13	0	0	0	0	...	0	0	0	0
2	38	215646	9	0	0	40	0	0	0	0	...	0	0	0	0
3	53	234721	7	0	0	40	0	0	0	0	...	0	0	0	0
4	28	338409	13	0	0	40	0	0	0	0	...	0	0	0	0

5 rows × 94 columns

图 1.17　使用 pd.get_dummies 将人口普查收入数据集中的非数值列转换为数值列

可以看出，新列是使用引用原始列的 'column_value' 语法创建的。例如，native-country 是一个原始列，Thailand 是其中的一个值。如果此人来自泰国，则新的 native-country_Thailand 列的值为 1，否则为 0。

> **提示**
>
> 使用 pd.get_dummies 可能会增加内存使用量，可以使用 DataFrame 的 .info() 方法来验证，检查最后一行即可。稀疏矩阵可节省内存，因为仅存储值为 1 的元素，而无须存储值为 0 的元素。有关稀疏矩阵的更多信息，可以参阅第 10 章内容或访问 SciPy 的官方文档。

4）目标列和预测列

由于所有列都是数值型且没有空值，那么接下来将数据拆分为目标列和预测列。

目标列是指某个人年收入是否有 5 万美元。在执行 pd.get_dummies 代码之后，使用 df_census['income_<=50K'] 和 df_census['income_>50K'] 两列来确定某人的年收入是否达到 5 万美元。由于这两列中任意一列均可使用，所以保留一个即可，删除 df_census['income_ <=50K'] 列，代码如下：

```
df_census = df_census.drop('income_ <=50K', axis=1)
```

将数据拆分为 X（预测列）和 y（目标列）。由于最后一列是目标列，因此使用 -1 进行索引，代码如下：

```
X = df_census.iloc[:,:-1]
y = df_census.iloc[:,-1]
```

接下来将构建机器学习分类模型。

2. 逻辑回归

逻辑回归是最基本的分类算法。在数学上，逻辑回归的工作方式类似于线性回归。对于每一列，逻辑回归寻找一个适当的权重或系数，以最大化模型的准确度。主要区别在于，逻辑回归使用 Sigmoid 函数，而不像线性回归那样对每个项进行求和。

如图 1.18 所示，Sigmoid 函数及其对应的曲线。

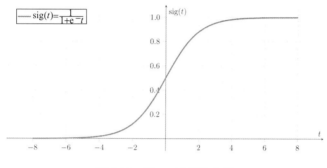

图 1.18　Sigmoid 函数曲线

Sigmoid 通常用于分类。该函数所有大于 0.5 的值都匹配为 1，所有小于 0.5 的值都匹配为 0。

用 scikit-learn 实现逻辑回归与实现线性回归几乎相同。主要的区别在于预测列应该分为不同的类别，而误差应该以准确度为衡量标准。由于误差默认使用精度来表示，因此不需要显式的评分参数。

按如下方式导入逻辑回归：

```
from sklearn.linear_model import LogisticRegression
```

3. 交叉验证函数

使用交叉验证来进行逻辑回归，预测某人年收入是否超过 5 万美元。

构建一个交叉验证分类函数，该函数以机器学习算法作为输入，并使用 cross_val_score 输出准确性评分，代码如下：

```
def cross_val(classifier, num_splits=10):
    model = classifier
    scores = cross_val_score(model, X, y, cv=num_splits) print('Accuracy:',
    np.round(scores, 2))
    print('Accuracy mean: %0.2f' % (scores.mean()))
```

用逻辑回归调用交叉验证函数，代码如下：

```
cross_val(LogisticRegression())
```

上述代码输出如下：

```
Accuracy: [0.8  0.8  0.79 0.8  0.79 0.81 0.79 0.79 0.8  0.8 ]
Accuracy mean: 0.80
```

上述结果显示的 80% 在目前情况下已经很好了。 接下来尝试 XGBoost 是否能够做得更好。

> **提示**
>
> 　　任何时候，当发现自己在复制和粘贴代码时，都可以寻找更好的方法，计算机科学的目标之一是避免重复。编写自己的数据分析和机器学习程序，将会让生活更加轻松；从长远来看，也会让工作更加高效。

1.4.3　XGBoost 分类器

XGBoost 有回归器和分类器。若要使用分类器，则按如下方式导入分类器：

```
from xgboost import XGBClassifier
```

在 cross_val 函数中运行分类器，并增加一个重要的内容。由于有 94 列数据，而 XGBoost 是一种集成方法，这意味着它在每次运行时会组合许多模型，每个模型包括 10 个拆分，因此将限制 n_estimators（模型数量）为 5。通常 XGBoost 执行非常快。事实上，它是目前最快的提升集成方法。然而，就最初的目的而言，5 个估计量虽不如默认的 100 个稳健，但已足够。关于选择 n_estimators 的细节，第 4 章将重点介绍。代码如下：

```
cross_val(XGBClassifier(n_estimators=5))
```

上述代码输出如下：

```
Accuracy: [0.85 0.86 0.87 0.85 0.86 0.86 0.86 0.87 0.86 0.86]
Accuracy mean: 0.86
```

由上述执行结果可知，XGBoost 在开箱即用的情况下比逻辑回归得分更高。

1.5 总结

本章首先介绍了数据整理和 pandas 的基础知识，这是所有机器学习从业者的基本技能，修复空值是重点。然后，通过比较线性回归和 XGBoost，介绍了如何在 scikit-learn 中构建机器学习模型。接着，准备了一个分类所需的数据集，并将逻辑回归与 XGBoost 进行了比较。在这两种情况下，XGBoost 都是胜者。

通过构建第一个 XGBoost 模型，读者应该掌握了使用 pandas、NumPy 和 scikit-learn 库进行数据处理和机器学习的入门知识。

第 2 章　深入浅出决策树

本章主要构建 XGBoost 模型的主要机器学习算法——决策树。还将介绍超参数微调的基本知识与技巧。由于决策树是 XGBoost 模型的基础,因此本章内容对于构建强大的 XGBoost 模型至关重要。

本章将构建和评估决策树分类器和决策树回归器,从方差和偏差角度可视化地分析决策树,并微调决策树的超参数。最后,再将决策树应用于一个预测心脏病的案例研究中。

本章主要内容如下:

(1)介绍 XGBoost 决策树;

(2)探索决策树;

(3)对比方差和偏差;

(4)调整决策树超参数;

(5)实例:预测心脏病。

2.1　介绍 XGBoost 决策树

XGBoost 是一种集成方法,这意味着它由结合在一起工作的不同机器学习模型组成。XGBoost 中构成集成模型的个体模型被称为基学习器。

决策树是最常用的 XGBoost 基学习器,在机器学习领域中具有独特的特点。决策树不像线性回归和逻辑回归那样将列值乘以数字权重,而是通过询问有关列的问题来分割数据。构建决策树就像玩问题测验游戏。

例如,一个决策树有一个温度列,该列可以分成两组,一组温度高于 70℃,一组温度低于 70℃。下一个分割可以基于季节进行,如果是夏天,就跟随一个分支,否则跟随另一个分支。现在数据已经被分成了四个独立的组。通过分割将数据分成新群组的过程将继续,直到算法达到所需的精确度水平。

决策树能够创建成千上万个分支,直到将每个样本在训练集中准确映射到正确的目标为止。这意味着训练集可以达到 100% 的准确率。然而,这样的模型并不能很好地泛化到新数据中。

决策树容易对数据过拟合，换句话说，决策树可能会过分贴合训练数据，本章稍后探讨方差和偏差问题时会进一步讨论此问题。超参数微调是防止过拟合的一种解决方案。另一个解决方案是聚合许多决策树的预测结果，而那是随机森林和 XGBoost 采用的策略。

下一章将重点关注随机森林和 XGBoost，本章先从决策树开始。

2.2　探索决策树

决策树通过将数据分割成不同分支的方式进行工作，从分支朝下延伸到叶节点的方式进行预测。通过实例，可以更方便地了解如何创建分支和叶节点，下面就来建立第一个决策树模型。

2.2.1　第一个决策树模型

使用第 1 章的人口普查数据集建立决策树，以预测一个人的年收入是否达到 5 万美元以上，具体步骤如下。

（1）打开一个新的 Jupyter Notebook，导入所需库，代码如下所示：

```
import pandas as pd
import numpy as np
import warnings
warnings.filterwarnings('ignore')
```

（2）打开文件 'census_cleaned.csv'。如果读者已从 Packt 的 GitHub 页面下载了本书的所有文件，则可以在启动 Anaconda 后导航至第 2 章。加载数据集的代码如下：

```
df_census = pd.read_csv('census_cleaned.csv')
```

（3）将数据加载到 DataFrame 后，声明预测列 X 和目标列 y，代码如下：

```
X = df_census.iloc[:,:-1]
y = df_census.iloc[:,-1]
```

（4）导入 train_test_split 库，将数据分割成训练集和测试集，并使用 random_state=2 来确保结果一致性，代码如下：

```
from sklearn.model_selection import train_test_split X_train,
X_test, y_train, y_test = train_test_split(X, y, random_state=2)
```

与其他机器学习分类器一样，使用决策树时，需要初始化模型，并在训练集上进行拟合，然后使用 accuracy_score 函数进行测试。

accuracy_score 函数用来计算正确预测数量与预测总数的比率。如果 20 个预测中有 19 个是正确的，则 accuracy_score 函数返回值为 95%。

首先，导入 DecisionTreeClassifier 包和 accuracy_score 包，代码如下：

```
from sklearn.tree import DecisionTreeClassifier
from sklearn.metrics import accuracy_score
```

使用标准步骤构建一个决策树分类器，步骤如下。

（1）为确保一致的结果，使用 random_state=2 初始化机器学习模型，代码如下：

```
clf = DecisionTreeClassifier(random_state=2)
```

（2）在训练集上拟合模型，代码如下：

```
clf.fit(X_train, y_train)
```

（3）对测试集进行预测，代码如下：

```
y_pred = clf.predict(X_test)
```

（4）将预测值与测试集进行比较，代码如下：

```
accuracy_score(y_pred, y_test)
```

结果如下：

```
0.8131679154894976
```

81% 的准确率与在第 1 章中使用的同一数据集的逻辑回归的准确率相当。

了解了如何构建决策树后，接下来继续学习决策树的内部结构。

2.2.2　决策树内部结构

决策树图像模式有助于揭示其内部运作方式。

图 2.1 是来自人口普查数据集的一个决策树，该决策树只有两个分叉。

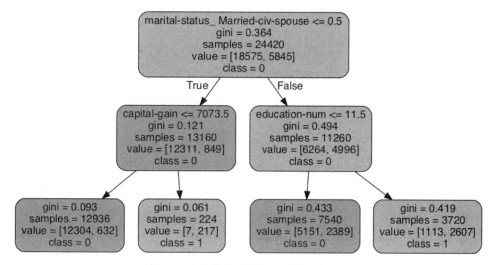

图 2.1　人口普查数据集决策树内部结构

决策树的顶部是根节点，True/False 箭头是分支，数据点是节点。在树的末端，节点被归类为叶节点。下面深入研究该图。

1. 根节点

树根节点位于顶部。在第一行显示的 marital-status_Married-civ-spouse<=5 中，marital-status 是一个二进制列，因此所有值都是 0（否定）或 1（肯定）。第一个分割是基于是否已婚。树的左侧是 True 分支，表示未婚，右侧是 False 分支，表示已婚。

2. 基尼系数（gini）准则

根节点的第二行数据是基尼系数，是决策树用来决定如何进行分割的误差值，这里的基尼系数为 0.364。分割目标是找到一个导致误差最低的切割点。基尼系数为 0 意味着 0 个误差，基尼系数为 1 表示全部为误差。基尼系数为 0.5，表示元素分布是均等的，那么预测的准确率不比随机猜测更高。误差越接近于 0，误差越低。根节点上的基尼系数为 0.364，表示训练集是不平衡的，其中 36.4% 属于类别 1。

基尼系数的计算公式如图 2.2 所示。

$$\text{gini} = 1 - \sum_{i=1}^{c} (p_i)^2$$

图 2.2　基尼系数计算公式

p_i 是分割后得到正确值的概率，c 是类别的总数，在上述示例中为 2。而从另一种角度来看，p_i 是集合中具有正确输出标签的项目的比例。

3. 样本、值和类别

根节点表明有 24 420 个样本，这是训练集中的样本总数。下面一行是 [18 575，5845]。由于排序方式为先 0 后 1，因此代表有 18 575 个样本值为 0（收入低于 5 万美元），5845 个样本值为 1（收入高于 5 万美元）。

4. True/False 节点

第一个分割后，左边分支是 True，右边是 False。"True 左，False 右"的模式贯穿整个决策树。

在第二行的左侧节点中，分割 capital_gain <= 7073.5 被用于后续节点，其余信息来自前一次分割。在 13 160 位未婚人士中，有 12 311 位收入低于 5 万美元，有 849 位收入高于 5 万美元。基尼系数为 0.121，这是一个非常好的数值。

5. 树桩

只有一个分割的树被称为树桩。尽管树桩本身不能成为强大的预测器，但到了第 4 章，我们会明白，在使用提升器时，树桩可以变得非常强大。

6. 叶节点

树最末端的节点被称为叶节点。叶节点包含所有最终预测。

最左侧的叶节点基尼系数为 0.093，这表示它正确预测了 12 938 个案例中的 12 304 个，准确率为 95%，即对于资本收益低于 7073.50 的未婚用户来说，其收入不会超过 5 万美元的可能性有 95%。

其他叶节点的信息也可以类似地进行解读，接下来分析一下预测的误差。

2.3　对比方差和偏差

假设有图 2.3 中显示的随机数据点，我们的目标是拟合一条直线或曲线，以实现对新点位置的预测。

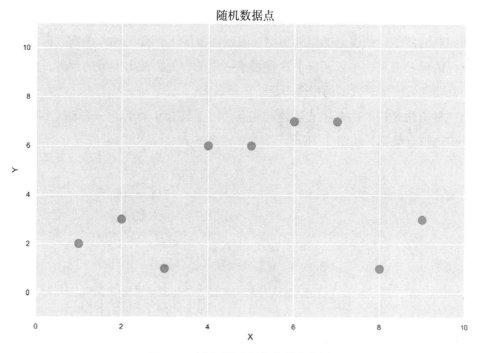

图 2.3   一幅标识着随机数据点的图

第一种方法是使用线性回归,从而最小化每个点与直线之间的距离的平方,如图 2.4 所示。

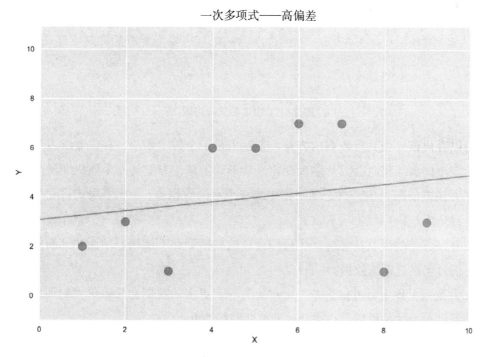

图 2.4   使用线性回归最小化距离

　　直线通常具有高**偏差**。偏差是一个数学术语，在机器学习中指的是在将模型应用于实际问题时所估计的误差。因为预测被限制在直线上，且无法考虑到数据的变化，所以直线的偏差很高。多数情况下，直线不够复杂，无法做出准确的预测。此时，我们认为机器学习模型对数据的拟合不足，偏差较大。

　　第二种方法是用 8 次多项式拟合这些点。由于只有 9 个点，一条 8 次多项式曲线可以完美地拟合数据，如图 2.5 所示。

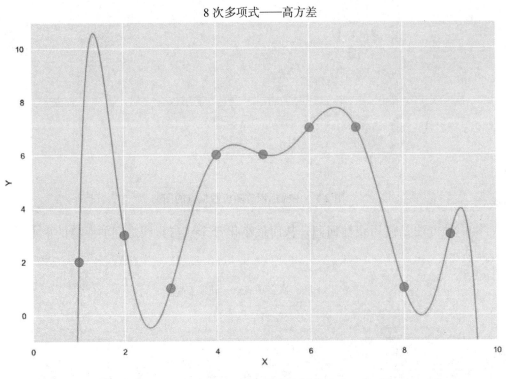

图 2.5　8 次多项式拟合图

　　可以看出该模型具有较高的**方差**。方差也是一个数学术语，在机器学习中表示模型在给定不同训练集时会发生多大变化。从形式上讲，方差是一个随机变量与其均值之间平方偏差的测量值。给定训练集中的 9 个不同数据点，8 次多项式将完全不同，从而导致高方差。

　　具有高方差的模型往往会产生过拟合，这些模型并不能很好地泛化到新数据点，因为它们过于贴近训练数据。

　　在大数据世界中，过拟合是一个重要问题。更多的数据会导致更大的训练集，而机器学习模型（如决策树）往往会过分拟合训练数据。

　　作为最终选择，考虑用 3 次多项式来拟合其中一些数据点，如图 2.6 所示。

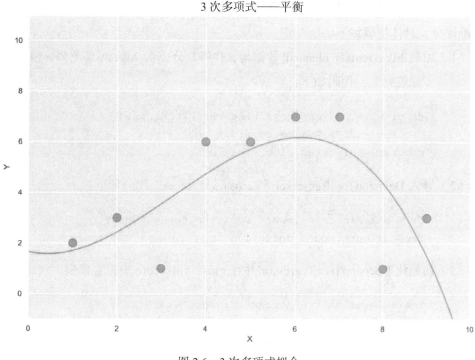

图 2.6　3 次多项式拟合

这个 3 次多项式在方差和偏差间达成了一个很好的平衡，总体上遵循曲线，但又能适应变化。低方差意味着不同的训练集并不会导致曲线有显著差异。

低偏差表示将此模型应用到实际情况时误差不会太高。在机器学习中，低方差和低偏差的组合才是理想的。

要想在方差和偏差间取得良好平衡，还有一种非常优秀的机器学习策略：微调超参数。

2.4　调整决策树超参数

超参数不同于参数。在机器学习中，当模型被调整时，参数也被调整。例如，线性回归和逻辑回归中的权重，就是在构建阶段为了最小化误差而调整的参数。相比之下，超参数是在构建阶段之前选择的。如果未选择超参数，则使用默认值。

2.4.1　决策树回归器

了解超参数的最佳方法是实验。尽管有关于超参数选择范围的理论，但结果往往胜过理论。不同的数据集需要不同的超参数值才能获得改进。

在选择超参数之前，先通过使用 DecisionTreeRegressor 和 cross_val_score 找到一个基准评分，具体步骤如下。

（1）加载 'bike_rentals_cleaned' 数据集，并将其分成 X_bikes（预测列）和 y_bikes（训练列），代码如下：

```
df_bikes = pd.read_csv('bike_rentals_cleaned.csv')
X_bikes = df_bikes.iloc[:,:-1]
y_bikes = df_bikes.iloc[:,-1]
```

（2）导入 DecisionTreeRegressor 和 cross_val_score，代码如下：

```
from sklearn.tree import DecisionTreeRegressor
from sklearn.model_selection import cross_val_score
```

（3）初始化 DecisionTreeRegressor 并在 cross_val_score 中拟合模型，代码如下：

```
reg = DecisionTreeRegressor(random_state=2)
scores = cross_val_score(reg, X_bikes, y_bikes,
scoring='neg_mean_squared_error', cv=5)
```

（4）计算均方根误差并输出结果，代码如下：

```
rmse = np.sqrt(-scores)
print('RMSE mean: %0.2f' % (rmse.mean()))
```

上述代码的执行结果如下：

```
RMSE mean: 1233.36
```

均方根误差为 1233.36，这比第 1 章中线性回归所得的 972.06 和 XGBoost 所得的 887.31 更糟。

接下来分析模型是否因为方差太大而过拟合数据。

这个问题可以通过观察决策树在训练集上预测的表现来解决。在对测试集进行预测之前，以下代码检查训练集的误差率：

```
reg = DecisionTreeRegressor()
reg.fit(X_train, y_train)
y_pred = reg.predict(X_train)
from sklearn.metrics import mean_squared_error
reg_mse = mean_squared_error(y_train, y_pred)
reg_rmse = np.sqrt(reg_mse)
reg_rmse
```

结果如下：

```
0.0
```

RMSE 为 0.0 意味着该模型完美地拟合了每个数据点！结合 1233.36 的交叉验证误差，这个完美的评分表明决策树对数据进行了高方差的过拟合。

训练集拟合完美，但测试集表现不佳。超参数可能会解决这个问题。

2.4.2　一般超参数

所有 scikit-learn 模型的超参数详细信息可在 scikit-learn 的官方文档页面上查看。图 2.7 是该网站关于 DecisionTreeRegressor 的页面。

sklearn.tree.DecisionTreeRegressor

class sklearn.tree.**DecisionTreeRegressor**(*criterion='mse', splitter='best', max_depth=None, min_samples_split=2, min_samples_leaf=1, min_weight_fraction_leaf=0.0, max_features=None, random_state=None, max_leaf_nodes=None, min_impurity_decrease=0.0, min_impurity_split=None, presort='deprecated', ccp_alpha=0.0*)　[source]

A decision tree regressor.

Read more in the User Guide.

Parameters:　**criterion** : *{"mse", "friedman_mse", "mae"}, default="mse"*
　　　　The function to measure the quality of a split. Supported criteria are "mse" for the mean squared error, which is equal to variance reduction as feature selection criterion and minimizes the L2 loss using the mean of each terminal node, "friedman_mse", which uses mean squared error with Friedman's improvement score for potential splits, and "mae" for the mean absolute error, which minimizes the L1 loss using the median of each terminal node.

　　　　New in version 0.18: Mean Absolute Error (MAE) criterion.

　　　　splitter : *{"best", "random"}, default="best"*
　　　　The strategy used to choose the split at each node. Supported strategies are "best" to choose the best split and "random" to choose the best random split.

　　　　max_depth : *int, default=None*
　　　　The maximum depth of the tree. If None, then nodes are expanded until all leaves are pure or until all leaves contain less than min_samples_split samples.

　　　　min_samples_split : *int or float, default=2*
　　　　The minimum number of samples required to split an internal node:

　　　　- If int, then consider `min_samples_split` as the minimum number.
　　　　- If float, then `min_samples_split` is a fraction and ceil(min_samples_split * n_samples) are the

图 2.7　决策树回归器官方文档页面

官方文档解释了超参数背后的含义。注意，这里的参数即是指超参数。在独自工作时，官方文档是最可靠的资源。

以下逐个解释这些超参数。

1. max_depth

max_depth（最大深度）定义树的深度，由分割次数决定。默认情况下，max_depth 没有限制，因此可能存在数百或数千个分割，从而容易导致过拟合。将最大深度限制到较小的数值，可以减少方差，使得模型对新数据的泛化能力更好。

下面介绍如何选择最合适的 max_depth 值。

可以尝试设置 max_depth=1，然后设置 max_depth=2，再然后设置 max_depth=3，以此类推，但这个过程将会非常烦琐。可以使用一款名为 GridSearchCV 的神奇工具。

2. GridSearchCV

GridSearchCV 通过交叉验证搜索一组超参数，以提供最佳结果。

GridSearchCV 是机器学习算法中的一种，它会在训练集上进行拟合，并在测试集上进行评分。主要的区别在于，GridSearchCV 会在最终确定模型之前检查所有的超参数。

GridSearchCV 的关键是建立超参数值的字典。没有一组正确的值可供尝试。一种策略是选择一个最小值和最大值，并在中间选择等间距的数字。由于目标是减少过拟合，一般思路是在 max_depth 的较低端尝试更多的值。下面介绍一般的超参数搜索步骤。

（1）导入 GridSearchCV 并定义 max_depth 的超参数列表，代码如下：

```
from sklearn.model_selection import GridSearchCV
params = {'max_depth':[None,2,3,4,6,8,10,20]}
```

params 字典含有一个字符串形式的键，即 'max_depth'；以及由已选择的数字列表组成的一个值。注意，None 为默认值，意味着 max_depth 没有限制。

技巧

通常来说，减小最大超参数并增加最小超参数将会减少变量并且防止过拟合。

（2）初始化 DecisionTreeRegressor，并将其与 params 和评分标准一起放在 GridSearchCV 中，代码如下：

```
reg = DecisionTreeRegressor(random_state=2)
grid_reg = GridSearchCV(reg, params, scoring='neg_mean_squared_ error',
cv=5, n_jobs=-1)
grid_reg.fit(X_train, y_train)
```

（3）GridSearchCV 已经对数据进行了拟合，可以查看最佳超参数，代码如下：

```
best_params =grid_reg.best_params_
print("Best params:", best_params)
```

上述代码输出结果如下：

```
Best params: {'max_depth': 6}
```

由上面结果可知，在训练集中，max_depth 值为 6 是最佳的交叉验证评分。

最佳评分属性（best_score）可用于显示训练得分，代码如下：

```
best_score = np.sqrt(-grid_reg.best_score_)
print("Training score: {:.3f}".format(best_score))
```

评分如下：

```
Training score: 951.938
```

测试评分可以按以下方式显示：

```
best_model = grid_reg.best_estimator_
y_pred = best_model.predict(X_test)
rmse_test = mean_squared_error(y_test, y_pred)**0.5
print('Test score: {:.3f}'.format(rmse_test))
```

评分如下：

```
Test score: 864.670
```

由上述结果可知，方差已经大大减少。

3. min_samples_leaf

min_samples_leaf 通过增加叶节点可能包含的样本数提供了一种限制。与 max_depth 一样，min_samples_leaf 也旨在减少过拟合。

当没有限制时，min_samples_leaf=1 是默认值，这意味着叶节点可能由唯一的样本组成（容易过拟合）。增加 min_samples_leaf 可减小方差。如果 min_samples_leaf=8，则所有叶节点必须包含 8 个或更多的样本。

测试 min_samples_leaf 的一系列值需要进行与之前相同的过程。本书不再使用复制和粘贴的方法，而是编写一个函数，该函数使用 GridSearchCV 并将 DecisionTreeRegressor（random_state=2）分配给 reg 作为默认参数，显示最佳参数、训练评分和测试评分，实现代码如下：

```
def grid_search(params, reg=DecisionTreeRegressor(random_state=2)):
```

```
grid_reg = GridSearchCV(reg, params,
scoring='neg_mean_squared_error', cv=5, n_jobs=-1):
grid_reg.fit(X_train, y_train)

best_params = grid_reg.best_params_
print("Best params:", best_params)


best_score = np.sqrt(-grid_reg.best_score_)
print("Training score: {:.3f}".format(best_score))
y_pred = grid_reg.predict(X_test)
rmse_test = mean_squared_error(y_test, y_pred)**0.5
print('Test score: {:.3f}'.format(rmse_test))
```

提示

在编写自己的函数时，最好包含默认的关键字参数。默认的关键字参数是一个有默认值的命名参数，可以在以后的使用和测试中改变。默认关键字参数极大地增强了 Python 的功能。

选择超参数的范围时，了解构建模型的训练集大小是有帮助的。pandas 提供了一个很棒的方法——.shape，可用于返回数据的行数和列数：

```
X_train.shape
```

数据的行和列如下：

```
(548, 12)
```

训练集有 548 行，这有助于确定 min_samples_leaf 的合理值。首先将 [1, 2, 4, 6, 8, 10, 20, 30] 作为 grid_search 的输入，代码如下：

```
grid_search(params={'min_samples_leaf':[1, 2, 4, 6, 8, 10, 20, 30]})
```

上述代码显示评分如下：

```
Best params: {'min_samples_leaf': 8}
Training score: 896.083
Test score: 855.620
```

由于测试评分优于训练评分，说明方差已经减小。

同时设置 min_samples_leaf 和 max_depth ，代码如下：

```
grid_search(params={'max_depth':[None,2,3,4,6,8,10,20],'min_
samples_leaf':[1,2,4,6,8,10,20,30]})
```

上述代码评分显示如下：

```
Best params: {'max_depth': 6, 'min_samples_leaf': 2}
Training score: 870.396
Test score: 913.000
```

结果可能会出人意料，尽管训练评分已经提高，但测试评分没有改善。min_samples_leaf 从 8 降低到 2，而 max_depth 保持不变。

> **提示**
>
> 这是超参数调优的宝贵经验：超参数不应该孤立地选择。

至于减少前面示例的方差，将 min_samples_leaf 限制为大于 3 的值可能会有所帮助，代码如下：

```
grid_search(params={'max_depth':[6,7,8,9,10],'min_samples_leaf':[3,5,7,9]})
```

上述代码评分显示如下：

```
Best params: {'max_depth': 9, 'min_samples_leaf': 7}
Training score: 888.905
Test score: 878.538
```

结果显示测试评分已经提高，接下来将探讨决策树剩余的超参数，并不再进行个别测试。

4. max_leaf_nodes

max_leaf_nodes 与 min_samples_leaf 类似。它不是指定每个叶节点的样本数，而是指定叶节点的总数。因此，max_leaf_nodes=10 表示模型不能超过 10 个叶节点，甚至可能更少。

5. max_features

max_features 是降低方差的有效超参数。它不是考虑分割的每一个可能的特征，而是每一轮从选定数量的特征中进行选择。

max_features 使用的标准选项如下：

（1）'auto'。这是默认值，不提供任何限制。

（2）'sqrt'。它代表特征总数的平方根。

（3）'log2'。以 2 为底的特征总数的对数。32 列解析为 5，因为 $2^5 = 32$。

6. min_samples_split

另一种分割技术是 min_samples_split。它对分割之前所需样本数量进行了限制。默认值为 2，因为两个样本可能会被分割，各自最终成为单个叶节点。如果限制增加到 5，则意味着对于具有 5 个或更少样本的节点，不允许进一步分割。

7. splitter

分割器（splitter）有两个选项，'random' 和 'best'。分割器告诉模型如何选择特征来分割每个分支。'best' 选项是默认选项，所选择的特征具有最大信息增益。相反地，'random' 选项则会随机选择分割。将 splitter 更改为 'random' 是防止过拟合和使树多样化的好方法。

8. criterion

分割决策树回归器和分类器的标准（criterion）是不同的。该标准提供了机器学习模型用来确定如何进行分割的方法，这是分割的计分方法。对于每种可能的分割方式，criterion 会计算可能的分割数字并将其与其他选项进行比较。评分最高者获胜。

决策树回归器的选项包括 mse（均方误差）、friedman_mse（弗里德曼均方误差）以及 mae（平均绝对误差）。默认值是 mse。

对于分类器而言，前文提到的基尼指数和熵通常产生相似的结果。

9. min_impurity_decrease

之前称为 min_impurity_split。min_impurity_decrease 在杂质（impurity）大于或等于这个值时，会导致分割。

杂质是衡量每个节点预测纯度的指标。准确度为 100% 的树的杂质值为 0。准确度为 80% 的树的杂质值为 0.20。

杂质是决策树中的一个重要概念。在整个决策树模型构建过程中，杂质应该不断减少，并且应该为每个节点选择能够最大限度地减少杂质的分割。

默认值为 0。如果增加这个值，当达到某个阈值时，决策树就会停止生长。

10. min_weight_fraction_leaf

min_weight_fraction_leaf 是叶节点所需总权重的最小加权评分。依据文档说明，当未提供样本权重时，各样本权重相同。

实际上，min_weight_fraction_leaf 是另一个超参数，它可以减少方差并防止过拟合。

默认值为 0。假设权重相等，限制为 1%，表明 500 个样本中至少有 5 个应成为叶节点。

11. ccp_alpha

这里不会讨论 ccp_alpha 这个超参数，因为它是为构建好树后的修剪目的而设计的。若需查看完整讨论，可查看 sklearn 官方文档中有关最小成本复杂度修剪（minimal cost complexity pruning）的内容。

2.4.3　综合微调超参数

在微调超参数时，有几个因素需要考虑：

（1）给定的时间量；

（2）超参数的数量；

（3）所需的小数位数的精确度。

所需的时间、调优的超参数数量和所需的小数位数精确度，这些都取决于你自身、数据集和手头的项目。由于超参数是相互关联的，因此不需要全部修改它们。小范围微调可能会得到更好的结果。

现在已学习了决策树和决策树超参数的基础知识，是时候付诸实施了。

> **提示**
>
> 事实上，决策树的超参数太多，根本无法全部用到。根据笔者的经验，使用以下几个就足够了：max_depth、max_features、min_samples_leaf、max_leaf_nodes、min_impurity_decrease 和 min_samples_split。

2.5　实例：预测心脏病

某家医院打算使用机器学习来预测心脏病。任务是开发一个模型，并突出两到三个重要特征，使医护能够重点关注它们，从而可以更好地治疗病患。

以下介绍使用具有微调超参数的决策树分类器的实现方法。在建立模型之后，可使用 feature_importances_ 属性解释结果，该属性用于确定心脏病预测方面最重要的特征。

2.5.1　心脏病数据集

心脏病数据集已上传至 GitHub，文件名为 heart_disease.csv。它源于 UCI 机器学习存储库所提供的原始心脏病数据集，笔者做了轻微修改。同时，为了方便起见，已清除了空值。

加载文件并显示数据集，代码如下：

```
df_heart = pd.read_csv('heart_disease.csv')
df_heart.head()
```

上述代码显示的心脏病数据集如图 2.8 所示。

	age	sex	cp	trestbps	chol	fbs	restecg	thalach	exang	oldpeak	slope	ca	thal	target
0	63	1	3	145	233	1	0	150	0	2.3	0	0	1	1
1	37	1	2	130	250	0	1	187	0	3.5	0	0	2	1
2	41	0	1	130	204	0	0	172	0	1.4	2	0	2	1
3	56	1	1	120	236	0	1	178	0	0.8	2	0	2	1
4	57	0	0	120	354	0	1	163	1	0.6	2	0	2	1

图 2.8　心脏病数据集

目标列（标签为 target）是二元的，1 表示患者患有心脏病，0 表示没有。以下是预测列的含义：

（1）age：年龄（年）。

（2）sex：性别（1 ＝男性；0 ＝女性）。

（3）cp：胸痛类型（1 ＝典型心绞痛，2 ＝非典型心绞痛，3 ＝非心绞痛，4 ＝无症状）。

（4）trestbps：入院时的静息血压（单位：mmHg）。

（5）chol：血清胆固醇，单位为 mg/dl。

（6）fbs：空腹血糖＞ 120 mg/dl（1 ＝正确；0 ＝错误）。

（7）restecg：静息心电图结果。0 ＝正常，1 ＝ ST-T 波异常（T 波倒置和 / 或 ST 抬高或压低＞ 0.05 mV），2 ＝根据 Estes 标准判断出的可能或明确的左心室肥大。

（8）thalach：达到的最大心率。

（9）exang：运动性心绞痛（1 ＝是；0 ＝否）。

（10）oldpeak：相对于休息状态，由运动诱发的 ST 压低。

（11）slope：运动峰值 ST 段的斜率（1 ＝上坡，2 ＝平坦，3 ＝向下倾斜）。

（12）ca：荧光透视染色的主要血管数量（0 ～ 3）。

（13）thal：3 ＝正常；6 ＝固定性缺陷；7 ＝可逆性缺陷。

将数据分成训练集和测试集，为机器学习做准备，代码如下：

```
X = df_heart.iloc[:,:-1]
y = df_heart.iloc[:,-]
from sklearn.model_selection import train_test_split
X_train, X_test, y_train, y_test = train_test_split(X, y, random_state=2)
```

2.5.2　决策树分类器

在实施超参数之前，建立基准模型有助于进行模型性能比较。

使用 DecisionTreeClassifier 和 cross_val_score 进行以下操作：

```
model = DecisionTreeClassifier(random_state=2)
scores = cross_val_score(model, X, y, cv=5)
print('Accuracy:', np.round(scores, 2))
print('Accuracy mean: %0.2f' % (scores.mean()))
```

结果如下：

```
Accuracy: [0.74 0.85 0.77 0.73 0.7 ]
Accuracy mean: 0.76
```

初始准确率为 76%。以下进行超参数微调。

随机搜索 clf 函数

当有许多超参数需要微调时，GridSearchCV 可能会花费太多时间，而 scikit-learn 库提供的 RandomizedSearchCV 是一个很好的备选工具。

RandomizedSearchCV 与 GridSearchCV 原理相同，但它不尝试所有的超参数，而是尝试随机数量的组合，目的是在有限时间内找到最佳组合。

以下是一个使用 RandomizedSearchCV 函数返回最佳模型以及评分的函数。输入参数包括 params（要测试的超参数字典）、runs（要检查的超参数组合数量）和 DecisionTreeClassifier（决策树分类器）。代码如下：

```
def randomized_search_clf(params, runs=20,
clf=DecisionTreeClassifier(random_state=2)):
rand_clf = RandomizedSearchCV(clf, params, n_iter=runs, cv=5, n_jobs=-1,
random_state=2)
rand_clf.fit(X_train, y_train)
best_model = rand_clf.best_estimator_
best_score = rand_clf.best_score_
print("Training score: {:.3f}".format(best_score))
```

```
y_pred = best_model.predict(X_test)
accuracy = accuracy_score(y_test, y_pred)
print('Test score: {:.3f}'.format(accuracy))
return best_model
```

2.5.3　选择超参数

选择超参数并没有固定的正确方法，最好的方法其实是实验。这些超参数作为初始列表，放在 randomized_search_clf 函数中。选择不同参数值的目的是减少方差并尝试扩大范围，代码如下：

```
randomized_search_clf(params={'criterion':['entropy', 'gini'],'splitter':
['random', 'best'], 'min_weight_fraction_ leaf':[0.0, 0.0025, 0.005,
0.0075, 0.01],
'min_samples_split':[2, 3, 4, 5, 6, 8, 10],
'min_samples_leaf':[1, 0.01, 0.02, 0.03, 0.04],
'min_impurity_decrease':[0.0, 0.0005, 0.005, 0.05, 0.10, 0.15,0.2],
'max_leaf_nodes':[10, 15, 20, 25, 30, 35, 40, 45, 50,None],
'max_features':['auto', 0.95, 0.90, 0.85, 0.80, 0.75,0.70],
'max_depth':[None, 2,4,6,8],
'min_weight_fraction_leaf':[0.0, 0.0025, 0.005, 0.0075, 0.01,0.05]})
Training score: 0.798
Test score: 0.855
DecisionTreeClassifier(class_weight=None, criterion='entropy', max_
depth=8, max_features=0.8, max_leaf_nodes=45, min_ impurity_decrease=0.0,
min_impurity_split=None, min_samples_ leaf=0.04, min_samples_split=10,
min_weight_fraction_leaf=0.05,
presort=False, random_state=2, splitter='best')
```

从上述结果可见，这是一个明显的改进，而且该模型在测试数据集上有较好的泛化效果。接下来验证能否通过缩小范围来取得更好的效果。

2.5.4　缩小范围

缩小范围是改善超参数的一种策略。假设选择最佳模型的 max_depth=8 作为基线，则可以将范围缩小到 7 ～ 9。

另一种策略是停止检查默认值运行良好的超参数，例如，因为差异非常微小，所以不推荐使用熵来代替基尼系数。min_impurity_split 和 min_impurity_decrease 也可以保留默认值。

设定新的超参数范围，增加 100 次运行，代码如下：

```
randomized_search_clf(params={'max_depth':[None, 6, 7],
'max_features':['auto', 0.78],
'max_leaf_nodes':[45, None],
'min_samples_leaf':[1, 0.035, 0.04, 0.045, 0.05],
'min_samples_split':[2, 9, 10],
'min_weight_fraction_leaf': [0.0, 0.05, 0.06, 0.07],}, runs=100)
Training score: 0.802
Test score: 0.868
DecisionTreeClassifier(class_weight=None, criterion='gini', max_
depth=7,max_features=0.78, max_leaf_nodes=45, min_ impurity_
decrease=0.0, min_impurity_split=None, min_samples_ leaf=0.045, min_
samples_split=9, min_weight_fraction_leaf=0.06,
presort=False, random_state=2, splitter='best')
```

由上述结果可知该模型在训练和测试评分上更加准确了。

为了得到一个适当的比较基准，将新模型放入 cross_val_clf。这可以通过复制前面的模型来实现，代码如下：

```
model = DecisionTreeClassifier(class_weight=None, criterion='gini',
max_depth=7, max_features=0.78, max_ leaf_nodes=45, min_impurity_
decrease=0.0, min_impurity_ split=None, min_samples_leaf=0.045, min_
samples_split=9, min_weight_fraction_leaf=0.06, presort=False, random_
state=2, splitter='best')
scores = cross_val_score(model, X, y, cv=5)
print('Accuracy:', np.round(scores, 2))
print('Accuracy mean: %0.2f'%(scores.mean()))
```

结果如下：

```
Accuracy: [0.82 0.9 0.8 0.8 0.78]
Accuracy mean: 0.82
```

比默认模型高出 6 个百分点。在预测心脏病时，更准确的预测意味着可以挽救更多生命。

2.5.5　feature_importances_

最后一个难题是找到机器学习模型中最重要的特征。决策树的特征重要性参数（feature_imporances_）可以解决这个问题。

首先，需要确定最佳模型。上一节的 randomized_search_clf 函数已经返回了最佳模型，但它还没有被保存。

模型在进行测试时，不建议混用训练集和测试集。但是，一旦选定最终模型，将模型拟合整个数据集却可能是有益的。这是因为目的是要在从未见过的数据上测试模型，而在整个数据集上拟合模型可能会有助于提升准确性。

然后，使用最佳超参数定义模型，并将其拟合到整个数据集，代码如下：

```
best_clf=DecisionTreeClassifier(class_weight=None, criterion='gini',
max_depth=9,
max_features=0.8,
max_leaf_nodes=47,
min_impurity_decrease=0.0,
min_impurity_split=None,
min_samples_leaf=1,
min_samples_split=8,
min_weight_fraction_leaf=0.05,
presort=False, random_state=2,
splitter='best')
best_clf.fit(X, y)
```

为了确定最重要的特征，在 best_clf 上调用 feature_importances_ 属性，代码如下：

```
best_clf.feature_importances_
array([0.04826754, 0.04081653, 0.48409586, 0.00568635,
0., 0., 0., 0.00859483, 0., 0.02690379, 0., 0.18069065,
0.20494446])
```

解释这些结果并不容易。需要将这些列以及最重要的特性压缩到一个字典中，然后以相反的顺序显示它们，以获得易于理解的清晰输出，代码如下：

```
feature_dict = dict(zip(X.columns, best_clf.feature_ importances_))
# Import operator
import operator
# Sort dict by values (as list of tuples)
sorted(feature_dict.items(), key=operator.itemgetter(1), reverse=True)
[0:3]
[('cp', 0.48409586102401711), ('thalach', 0.20494445570568706), ('ca',
0.18069065321397942)]
```

上述代码显示的三个最重要的特征如下：

（1）'cp' 表示胸痛类型（1 = 典型心绞痛，2 = 非典型心绞痛，3 = 非心绞痛，
       4 = 无症状）。

（2）'thalach' 表示达到最大心率。

（3）'ca' 表示荧光透视染色的主要血管数量（0 ～ 3）。

这些数字可能被解释为它们对方差的解释，因此 'cp' 占方差的 48%，比 'thal' 和 'ca' 的总和还要多。

现在就可以告诉医生和护士，通过使用胸痛类型、最大心率值和荧光透视染色显示的主要血管数量作为三个最重要的特征，该模型预测患者患有心脏病的准确度达到了 82%。

2.6　总结

本章介绍了决策树这一 XGBoost 的主要基学习器，相信读者对于 XGBoost 有了更为切实的认识。本章通过使用 GridSearchCV 和 RandomizedSearchCV 微调超参数，构建了决策树回归器和分类器；还进行了决策树的可视化，并从方差和偏差的角度分析了其误差和准确性。此外，还介绍了 feature_importances_ 属性，它能用于传达模型中最重要的特征。

第 3 章　随机森林与装袋法

本章将介绍随机森林，它是 XGBoost 的主要竞争对手之一。与 XGBoost 类似，随机森林也是决策树的集成，区别在于随机森林通过装袋（bagging）算法组合决策树，而 XGBoost 则是通过提升（boosting）算法组合决策树。随机森林是 XGBoost 可行的替代方案，本章也将重点介绍其优势和限制。随机森林的重要性在于，它为基于树的集成学习方法（如 XGBoost）的结构提供了富有价值的见解，并且通过其自身的装袋算法的比较和对比，有助于深入了解提升算法。

本章将构建和评估随机森林分类器（random forest classifiers）和随机森林回归器（random forest regressors），介绍随机森林超参数的使用方法，介绍装袋技术，并探讨一个实例，该例突显随机森林的局限性，正是这些局限刺激了 XGBoost 的发展。

本章主要内容如下：

（1）装袋集成；

（2）探索随机森林；

（3）随机森林超参数；

（4）实例：突破随机森林边界。

3.1　装袋集成

本节将介绍为什么集成方法通常会优于单个机器学习模型，此外还将介绍装袋技术。这二者对于随机森林来说都是必要的。

3.1.1　集成方法

在机器学习中，集成方法是一种聚合单个模型预测的机器学习模型。由于集成方法结合了多个模型的结果，因此它们不容易出错，往往表现更好。

例如，为了确定房子能否会在上市的第一个月内卖出去。在用了几种不同的机器学习算法后，我们会发现逻辑回归的准确率为 80%，决策树的准确率为 75%，而 K-近邻的准确率为 77%。

或许，可以选择当前最准确的模型即逻辑回归作为最终模型，但若是将每个单独模型的预测结合起来，似乎是种更具说服力的方案。

对于分类器，标准方案是采用多数表决。如果三个模型中至少有两个预测房子会在第一个月内卖出，那么预测就是"肯定能卖出的"，否则就是"不会在第一个月卖出"。

集成方法的总体准确度通常更高。若预测结果出错，单一模型出现错误是不够的，必须大多数分类器出现错误。

集成方法通常分为两种类型：第一种类型结合了不同的机器学习模型，如 scikit-learn 的 VotingClassifier；第二种类型则会结合相同模型的多个版本，如 XGBoost 和随机森林方法。

随机森林是最受欢迎、应用最广泛的集成方法之一。随机森林的个体模型是决策树。一个随机森林可能由数百或数千个决策树组成，每一预测被组合用于获得最终结果。尽管随机森林对分类器使用多数规则，对回归器使用所有模型的平均值，但它们也使用一种称为装袋（ bagging，bootstrap aggregation 的缩写 ）的特殊方法来选择单个树。

3.1.2　自助聚合

自助（ bootstrap ）意味着有放回地抽样。从一个装着 20 颗有色弹珠的口袋内，一次只选一颗，共选择 10 颗弹珠。如每次选择一颗弹珠，然后把它放回袋子里。这意味着，虽然极不可能，但有可能 10 次选择的都是相同的弹珠。更有可能的是，一些弹珠会不止一次地被选上，而有些则根本不会被选到。图 3.1 是弹珠自助聚合（ bootstrap aggregation ）的可视化演示。

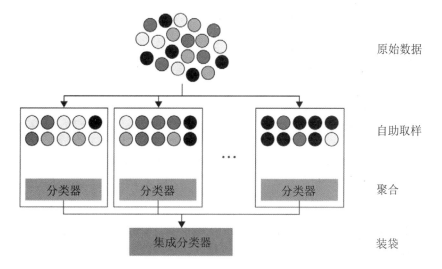

图 3.1　自助聚合的可视化演示（依 Siakorn 原图重绘）

从图 3.1 中可以看出，自助取样是通过放回抽样来实现的。如果不更换弹珠，就不可能得到比原袋更多的黑色（即原图中的蓝色）弹珠的样本，如最右边的方框。

自助取样是随机森林内部实现机制之一。自助取样发生在每个决策树生成的时候。如果决策树都由相同的样本组成，这些树将给出相似的预测，使聚合结果类似于单棵树。相反，对于随机森林，树是使用自助取样构建的，通常使用与原始数据集中相同数量的样本。根据数学统计，每棵树的样本中有三分之二是唯一的，三分之一是重复的。

通过自助取样构建模型后，每棵决策树都会做出自己的预测。结果就形成了一片森林，每棵树的预测被聚合成一个最终的预测，对分类器使用多数规则，对回归器使用平均规则。

总之，随机森林聚合了自助取样决策树的预测结果。这种通用的集成方法在机器学习中被称为装袋法。

3.2　探索随机森林

为了更好地了解随机森林的工作原理，下面就使用 scikit-learn 来构建一个随机森林。

3.2.1　随机森林分类器

这里依然使用第 1 章中修复空值和评分并在第 2 章中重新审视过的人口普查数据集，不过这一次是借助随机森林分类器来预测用户的收入是否高于或低于 5 万美元，同时使用 cross_val_score 来确保测试结果具有良好的泛化性。

下面就来使用人口普查数据集构建随机森林分类器，并对其进行评分。

（1）在禁止警告之前，先导入 pandas、NumPy、RandomForestClassifier 和 cross_val_score，代码如下：

```
import pandas as pd
import numpy as np
from sklearn.ensemble import RandomForestClassifier
from sklearn.model_selection import cross_val_score
import warnings
warnings.filterwarnings('ignore')
```

（2）加载数据集 census_cleand.csv，并将其拆分为 X（预测列）和 y（目标列），
　　　代码如下：

```
df_census = pd.read_csv('census_cleaned.csv')
X_census = df_census.iloc[:,:-1]
y_census = df_census.iloc[:,-1]
```

（3）初始化随机森林分类器。实际上，集成算法和其他机器学习算法一样，首先
初始化一个模型，然后拟合到训练集上，最后使用测试集进行评估。

通过以下预设超参数来初始化随机森林：

● random_state=2 确保结果一致。

● n_jobs=-1 利用并行处理加速计算。

● n_estimators=10，scikit-learn 的旧版本默认情况下足以加快计算速度并
避免歧义。新版本默认设置 n_estimators 为 100。n_esmitators 将在下一
节中详细探讨。代码如下：

```
rf = RandomForestClassifier(n_estimators=10,
random_state=2, n_jobs=-1)
```

（4）现在使用 cross_val_score。cross_val_score 需要模型、预测变量列和目标列作
为输入参数。cross_val_score 函数会将数据集进行分割、拟合和评分。代码如下：

```
scores = cross_val_score(rf, X_census, y_census, cv=5)
```

（5）显示结果：

```
print('Accuracy:', np.round(scores, 3))
print('Accuracy mean: %0.3f' % (scores.mean()))
Accuracy: [0.851 0.844 0.851 0.852 0.851]
Accuracy mean: 0.850
```

默认的随机森林分类器在人口普查数据集上表现得比第 2 章中的决策树（81%）
要好，但不如第 1 章中的 XGBoost（86%）表现出色。

性能的提高可能是由于装袋方法。该森林中有 10 棵树（因为 n_estimators=10），每个
预测基于 10 棵树而不是 1 棵。树是自助取样的，这增加了多样性，并且是聚合的，这
也减少了方差。

默认情况下，随机森林分类器在寻找分割时，会从总特征数的平方根中选择。因
此，如果有 100 个特征（列），则每个决策树在选择分割时只会考虑 10 个特征。所以，
由于不同的分割，具有重复样本的两棵树可能会给出非常不同的预测。这是随机森林
减少方差的另一种方式。

除了分类之外，随机森林还可以用于回归。

3.2.2 随机森林回归器

在随机森林回归器中，样本自助取样，与随机森林分类器一样，但最大特征数是特征总数而不是平方根。这个变化是基于实验结果产生的。此外，最终预测是通过将所有树的预测取平均值而得出的，而不遵从多数规则。

要观察随机森林回归器的运行情况，可按以下步骤进行。

（1）加载第 2 章的自行车租赁数据集，照例提取前 5 行数据：

```
df_bikes = pd.read_csv('bike_rentals_cleaned.csv')
df_bikes.head()
```

该代码的输出如图 3.2 所示。

	instant	season	yr	mnth	holiday	weekday	workingday	weathersit	temp	atemp	hum	windspeed	cnt
0	1	1.0	0.0	1.0	0.0	6.0	0.0	2	0.344167	0.363625	0.805833	0.160446	985
1	2	1.0	0.0	1.0	0.0	0.0	0.0	2	0.363478	0.353739	0.696087	0.248539	801
2	3	1.0	0.0	1.0	0.0	1.0	1.0	1	0.196364	0.189405	0.437273	0.248309	1349
3	4	1.0	0.0	1.0	0.0	2.0	1.0	1	0.200000	0.212122	0.590435	0.160296	1562
4	5	1.0	0.0	1.0	0.0	3.0	1.0	1	0.226957	0.229270	0.436957	0.186900	1600

图 3.2　已清理的自行车租赁数据集

（2）将数据分成 X 和 y，即预测列和目标列，代码如下：

```
X_bikes = df_bikes.iloc[:,:-1]
y_bikes = df_bikes.iloc[:,-1]
```

（3）导入回归器，然后使用相同的默认超参数对其进行初始化，n_estimators=10，random_state=2，n_jobs=-1，代码如下：

```
from sklearn.ensemble import RandomForestRegressor
  rf = RandomForestRegressor(n_estimators=10,
random_state=2, n_jobs=-1)
```

（4）使用 cross_val_score。将回归变量 rf 连同预测变量和目标列放在 cross_val_score 中，负均方误差（'neg_mean_squared_error'）应定义为评分参数，并选择 10 个分组（cv=10），代码如下：

```
scores = cross_val_score(rf, X_bikes, y_bikes,
scoring='neg_mean_squared_error', cv=10)
```

（5）查找并显示均方根误差，代码如下：

```
rmse = np.sqrt(-scores)
print('RMSE:', np.round(rmse, 3))
print('RMSE mean: %0.3f' % (rmse.mean()))
```

输出如下：

```
RMSE: [ 801.486  579.987  551.347  846.698  895.05
1097.522  893.738  809.284  833.488 2145.046]
RMSE mean: 945.365
```

随机森林的预测结果不错，但不如其他已介绍过的模型表现好。在本章后续实例中，将进一步分析自行车租赁数据集，以了解原因。

3.3 随机森林超参数

如果没有对决策树超参数有过实际应用，大量的随机森林超参数会令人困惑，所以如有必要，可以复习下第 2 章中的相关内容。

本节将讨论其他随机森林超参数，然后对超参数进行分组介绍。XGBoost 会用到其中很多超参数。

3.3.1 oob_score

第一个要介绍的超参数是 oob_score，它也许是最有趣的超参数之一。

随机森林通过装袋来选择决策树，这意味着样本是通过自助取样获得的。在选择了所有样本之后，应该保留一些未被选择的样本。

这些样本可以保留作为测试集。在模型拟合一棵树之后，可以立即根据这个测试集对模型进行评分。当超参数设置为 oob_score=True 时，就会发生这种情况。oob_score 提供了一种快捷方式来获取测试评分。oob_score 可以在模型拟合后立即获得结果。

下面就在人口普查数据集上使用 oob_score，以此来了解它的实际运行情况。由于使用 oob_score 来测试模型，因此不需要将数据分成训练集和测试集。

随机森林可以像往常一样用 oob_score=True 进行初始化，代码如下：

```
rf = RandomForestClassifier(oob_score=True, n_estimators=10,
random_state=2, n_jobs=-1)
```

接下来，可以对数据进行 rf 拟合，代码如下：

```
rf.fit(X_census, y_census)
```

当模型拟合完成后，因为 oob_score=True，所以评分可用。可以使用模型属性 .oob_score_ 访问它，如下所示（注意 score 后面的下画线）：

```
rf.oob_score_
```

评分如下：

```
0.8343109855348423
```

如前所述，oob_score 是通过对训练阶段排除的单个树的样本进行评分而创建的。当森林中的树木数量较少时，如 10 个评估器的情况，可能没有足够的测试样本来最大化准确性。

更多的树意味着更多的样本，通常也意味着更高的准确性。

3.3.2　n_estimators

当随机森林中有大量决策树时，它的能力就会很强。在新版 scikit-learn 中，决策树的默认数量从 10 改为了 100。虽然对于较小数据集而言，使用 100 棵树就足以降低方差并获得良好评分，但对于更大的数据集而言，可能它们会需要 500 或更多棵树。

从 n_estimators=50 开始，查看 oob_score 变化，代码如下：

```
rf = RandomForestClassifier(n_estimators=50, oob_score=True, random_
state=2, n_jobs=-1)
rf.fit(X_census, y_census)
rf.oob_score_
```

评分如下：

```
0.8518780135745216
```

结果有明显的进步。以下是 100 棵树的情况：

```
rf = RandomForestClassifier(n_estimators=100, oob_score=True, random_
state=2, n_jobs=-1)
rf.fit(X_census, y_census)
rf.oob_score_
```

评分如下：

```
0.8551334418476091
```

与 50 棵树的评分相比，评分收益比较小。随着 n_estimators 继续上升，评分最终会趋于平稳。

3.3.3　warm_start

warm_start 超参数非常适合于确定森林中树木的数量（n_estimators）。当 warm_start=True 时，增加更多的树不需要从头开始。如将 n_estimators 从 100 增加到 200，建立 200 棵树的森林可能需要的时间将是之前的两倍。当 warm_start=True 时，具有 200 棵树的随机森林不会从头开始构建，而是从上一个模型停止的地方开始。

可以使用 warm_start 参数以一系列的 n_estimators 值绘制不同的评分。

以下代码用于从 50 开始，以 50 棵树的增量递增，最终到达 500 棵，并显示一系列评分。由于该代码需要建立 10 个随机森林，并且每轮还要添加 50 棵新树，因此运行时间可能较长。

（1）导入 matplotlib 和 seaborn，用 sns.set() 设置 seaborn 模式为 darkgrid，代码如下：

```
import matplotlib.pyplot as plt
import seaborn as sns
sns.set()
```

（2）初始化一个空的评分列表和一个具有 50 个评估器的随机森林分类器，确保 warm_start=True 和 oob_score=True，代码如下：

```
oob_scores = []
rf = RandomForestClassifier(n_estimators=50,
warm_start=True, oob_score=True, n_jobs=-1, random_state=2)
```

（3）将 rf 模型拟合到数据集上，并将 oob_score 添加到 oob_scores 列表，代码如下：

```
rf.fit(X_census, y_census)
oob_scores.append(rf.oob_score_)
```

（4）准备一个评估器列表，包含以 50 为起始数的树的数量，代码如下：

```
est = 50
estimators=[est]
```

（5）编写一个 for 循环，每轮添加 50 棵树。每轮将 est 增加 50，将 est 加入 estimators 列表中，使用 rf.set_params(n_estimators=est) 更改 n_estimators，对数据进行随机森林拟合，将新的 oob_score_ 加入列表中，代码如下：

```
for i in range(9):
    est += 50
    estimators.append(est)
    rf.set_params(n_estimators=est)
    rf.fit(X_census, y_census)
    oob_scores.append(rf.oob_score_)
```

（6）为了获得良好的显示效果，绘制评估器和 oob_scores，添加相应的标签，保
　　　存并显示图表，代码如下：

```
plt.figure(figsize=(15,7))
plt.plot(estimators, oob_scores)
plt.xlabel('Number of Trees')
plt.ylabel('oob_score_')
plt.title('Random Forest Warm Start', fontsize=15)
plt.savefig('Random_Forest_Warm_Start', dpi=325)
plt.show()
```

随机森林热启动如图 3.3 所示。

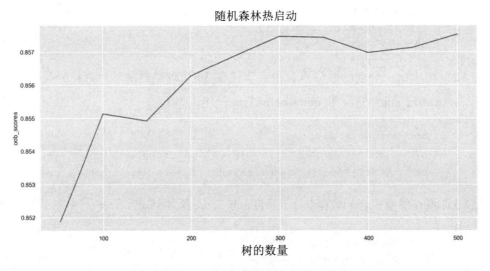

图 3.3　随机森林热启动时每固定数量的树所对应的 oob_scores

　　树的数量为约 300 棵时，评分达到峰值。超过 300 棵树后，成本更高、更耗时，
但增加的收益也微乎其微。

3.3.4　自助法

　　尽管传统上随机森林是自助取样的，但自助（bootstrap）超参数可以设置为

False。如果 bootstrap=False，则无法包括 oob_score，因为仅在样本被留出时才可能存在 oob_score。

尽管欠拟合发生时这种选择是有意义的，但本书不会尝试此选项。

3.3.5　冗长度

在构建模型时，可以将冗长度（verbose）超参数更改为更高的数值，以显示更多信息。在构建大型模型时，使用 verbose=1 参数可以在构建过程中提供有用的信息。

3.3.6　决策树超参数

其余的超参数均来自决策树。事实证明，由于随机森林通过设计来减少方差，因此决策树的超参数在随机森林中并不那么重要。

以下是决策树超参数按照类别分组的列表。

1.深度

max_depth：总是很好调，用于确定分割发生的次数。被称为树的长度，是一种减少方差的极好方法。

2.拆分

属于此类别的超参数有如下几个。

（1）max_features：限制进行节点分割时可供选择的特征数。

（2）min_samples_split：增加新分割所需的样本数量。

（3）min_impurity_decrease：限制分割以减少大于设定阈值的杂质。

3.叶节点

属于此类别的超参数有如下几个。

（1）min_samples_leaf：增加使节点成为叶节点所需的最小样本数。

（2）min_weight_fraction_leaf：成为叶节点所需的总权重的比例。

若想获取有关上述超参数的更多信息，请查看随机森林回归器的官方文档。

3.4　实例：突破随机森林边界

假设有一家自行车租赁公司，他们想根据天气、一天中的时间段、一年中的时间段，以及公司发展情况等因素，来预测每天的自行车租赁数量。

在 3.3 节中，通过交叉验证实现了随机森林回归器，得到了 945 辆自行车的均方根误差。接下来的目标是修改随机森林，以获得尽可能低的错误评分。

3.4.1　准备数据集

之前，下载的数据集 df_bikes 已被拆分为 X_bikes 和 y_bikes，现在将 X_bikes 和 y_bikes 分为训练集和测试集，如下所示：

```
from sklearn.model_selection import train_test_split
  X_train, X_test, y_train, y_test = train_test_split(X_bikes,
y_bikes, random_state=2)
```

3.4.2　n_estimators

首先为 n_estimators 选择一个合理的值。通过前文的实例，我们知道增加 n_estimator 可以提高精度，但代价是计算资源与时间。

图 3.4 是使用 warm_start 函数绘制的一组均方根误差图，该图使用了 3.3.3 节的代码，只是变化了 n_estimators 的值。

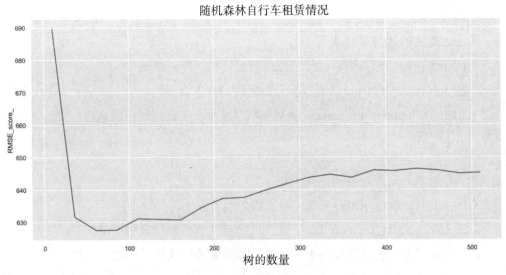

随机森林自行车租赁情况

图 3.4　在随机森林自行车租赁情况中，每个固定数量的树所对应的均方根误差

随机森林评估器的最佳评分在 50 棵决策树。超过 100 棵决策树后，误差开始逐渐上升。所以，目前使用 n_estimators=50 作为起始值是合理的。

3.4.3　cross_val_score

由图 3.4 可知，自行车租赁预测的误差范围为 620 ～ 690 辆。现在使用 cross_val_score 对数据集进行交叉验证。交叉验证的目的是将样本分成 k 个不同的分组，并将所有样本用作不同分组的测试集。鉴于所有样本均用于测试模型，因此无法使用 oob_score。以下步骤中有些部分与前面所使用的是相同的。

（1）初始化模型。

（2）使用 cross_val_score 对模型进行评分，将模型、预测列、目标列、评分和分割数作为参数。

（3）计算均方根误差。

（4）显示交叉验证评分和平均值。

代码如下：

```
rf = RandomForestRegressor(n_estimators=50, warm_start=True, n_jobs=-1,
random_state=2)
scores = cross_val_score(rf, X_bikes, y_bikes, scoring='neg_
mean_squared_error', cv=10)
rmse = np.sqrt(-scores)
print('RMSE:', np.round(rmse, 3))
print('RMSE mean: %0.3f' % (rmse.mean()))
```

输出如下：

```
RMSE: [836.482 541.898 533.086 812.782 894.877 881.117
794.103 828.968 772.517 2128.148]
RMSE mean: 902.398
```

这个评分比不使用交叉验证的评分要好。根据 rmse 数组中的最后一项，最后一次分组中的误差要高得多，这可能是由数据内部的错误或异常值造成的。

3.4.4　微调超参数

以下使用 RandomizedSearchCV 创建超参数网格来微调模型。以下代码中的函数使用 RandomizedSearchCV 来显示均方根误差、平均评分及最佳超参数：

```
from sklearn.model_selection import RandomizedSearchCV
def randomized_search_reg(params, runs=16,
reg=RandomForestRegressor(random_state=2, n_jobs=-1)):
    rand_reg = RandomizedSearchCV(reg, params, n_iter=runs,
```

```
scoring='neg_mean_squared_error', cv=10, n_jobs=-1, random_state=2)
    rand_reg.fit(X_train, y_train)
    best_model = rand_reg.best_estimator_
    best_params = rand_reg.best_params_
print("Best params:", best_params)
best_score = np.sqrt(-rand_reg.best_score_)
print("Training score: {:.3f}".format(best_score))
y_pred = best_model.predict(X_test)
from sklearn.metrics import mean_squared_error as MSE
rmse_test = MSE(y_test, y_pred)**0.5
print('Test set score: {:.3f}'.format(rmse_test))
```

以下是放置在新的 randomized_search_reg 函数中以获得第一批结果的入门超参数网格代码：

```
randomized_search_reg(params={'min_weight_fraction_leaf':[0.0,
0.0025, 0.005, 0.0075, 0.01, 0.05],'min_samples_split':[2,
0.01, 0.02, 0.03, 0.04, 0.06, 0.08, 0.1],'min_samples_
leaf':[1,2,4,6,8,10,20,30],'min_impurity_decrease':[0.0, 0.01,
0.05, 0.10, 0.15, 0.2],'max_leaf_nodes':[10, 15, 20, 25, 30,
35, 40, 45, 50, None], 'max_features':['auto', 0.8, 0.7, 0.6,
0.5, 0.4],'max_depth':[None,2,4,6,8,10,20]})
```

输出如下：

```
Best params: {'min_weight_fraction_leaf': 0.0, 'min_samples_
split': 0.03, 'min_samples_leaf': 6, 'min_impurity_decrease':
0.05, 'max_leaf_nodes': 25, 'max_features': 0.7, 'max_depth': None}
Training score: 759.076
Test set score: 701.802
```

评分提升明显。接下来尝试是否可以通过缩小范围来取得更好的效果：

```
randomized_search_reg(params={'min_samples_leaf':
[1,2,4,6,8,10,20,30], 'min_impurity_decrease':[0.0, 0.01, 0.05,
0.10, 0.15, 0.2],'max_features':['auto', 0.8, 0.7, 0.6, 0.5,
0.4], 'max_depth':[None,2,4,6,8,10,20]})
```

输出如下：

```
Best params: {'min_samples_leaf': 1, 'min_impurity_decrease':
0.1, 'max_features': 0.6, 'max_depth': 10}
Training score: 679.052
Test set score: 626.541
```

评分再次提高。接着增加运行次数，并为 max_depth 提供更多选项，代码如下：

```
randomized_search_reg(params={'min_samples_
leaf':[1,2,4,6,8,10,20,30],'min_impurity_decrease':[0.0, 0.01,
0.05, 0.10, 0.15, 0.2],'max_features':['auto', 0.8, 0.7, 0.6,
0.5, 0.4],'max_depth':[None,4,6,8,10,12,15,20]}, runs=20)
```

输出如下：

```
Best params: {'min_samples_leaf': 1, 'min_impurity_decrease':
0.1, 'max_features': 0.6, 'max_depth': 12}
Training score: 675.128
Test set score: 619.014
```

评分继续提高。据此有必要进一步缩小范围：

```
randomized_search_reg(params={'min_samples_leaf':[1,2,3,4,5,6],
'min_impurity_decrease':[0.0, 0.01, 0.05, 0.08, 0.10, 0.12, 0.15],
'max_features':['auto', 0.8, 0.7, 0.6, 0.5, 0.4],'max_de pth':
[None,8,10,12,14,16,18,20]})
```

输出如下：

```
Best params: {'min_samples_leaf': 1, 'min_impurity_decrease':
0.05, 'max_features': 0.7, 'max_depth': 18}
Training score: 679.595
Test set score: 630.954
```

测试评分又回升了。增加 n_estimatorsat 可能是个好主意。森林中的树木越多，实现小收益的潜力就越大。

接着，还可以将运行次数增加到 20 以寻找更好的超参数组合。注意，结果是基于随机搜索而不是完整的网格搜索得到的。代码如下：

```
randomized_search_reg(params={'min_samples_leaf':[1,2,4,6,8,10,20,30],
'min_impurity_decrease':[0.0, 0.01, 0.05, 0.10, 0.15, 0.2],
'max_features':['auto', 0.8, 0.7, 0.6, 0.5, 0.4],
'max_depth':[None,4,6,8,10,12,15,20], 'n_estimators':[100]}, runs=20)
```

输出如下：

```
Best params: {'n_estimators': 100, 'min_samples_leaf': 1, 'min_impurity_
decrease': 0.1, 'max_features': 0.6, 'max_depth': 12}
Training score: 675.128
Test set score: 619.014
```

这是迄今为止取得的最好成绩。如果进行足够的实验，继续修改，测评评分可能会降至 600 辆以下。但似乎也在低于 600 的评分上达到了峰值。

最后，将最佳模型放入 cross_val_score 中，看看与原始结果相比如何：

```
rf = RandomForestRegressor(n_estimators=100, min_impurity_ decrease=0.1,
max_features=0.6, max_depth=12, warm_start=True, n_jobs=-1, random_
state=2)
scores = cross_val_score(rf, X_bikes, y_bikes, scoring='neg_mean_
squared_error', cv=10)
rmse = np.sqrt(-scores)
print('RMSE:', np.round(rmse, 3))
print('RMSE mean: %0.3f' % (rmse.mean()))
```

输出如下：

```
RMSE: [ 818.354  514.173  547.392  814.059  769.54  730.025
831.376  794.634  756.83  1595.237]
RMSE mean: 817.162
```

均方根误差回到了 817。该评分比 903 好很多，但比 619 差很多。由于 cross_val_score 中最后一个分割的评分是其他评分的两倍，这可能是造成评分突然提高的原因。

接下来将数据集打乱。scikit-learn 提供了一个 shuffle 模块，可以通过从 sklearn.utils 中导入进行引用：

```
from sklearn.utils import shuffle
```

按如下方式打乱数据：

```
df_shuffle_bikes = shuffle(df_bikes, random_state=2)
```

数据分割成一个新的 X 和 y，并再次使用 cross_val_score 运行 RandomForestRegressor，代码如下：

```
X_shuffle_bikes = df_shuffle_bikes.iloc[:,:-1]
y_shuffle_bikes = df_shuffle_bikes.iloc[:,-1]
rf = RandomForestRegressor(n_estimators=100, min_impurity_
decrease=0.1, max_features=0.6, max_depth=12, n_jobs=-1,
random_state=2)
scores = cross_val_score(rf, X_shuffle_bikes, y_shuffle_bikes,
scoring='neg_mean_squared_error', cv=10)
rmse = np.sqrt(-scores)
print('RMSE:', np.round(rmse, 3))
```

```
print('RMSE mean: %0.3f' % (rmse.mean()))
```

输出如下：

```
RMSE: [630.093 686.673 468.159 526.676 593.033 724.575 774.402
672.63760.253616.797]
RMSE mean: 645.329
```

在打乱后的数据集中，最后一次切分没有问题，评分还是和之前一样高。

3.4.5　随机森林的缺点

归根结底，随机森林受到其个体树的限制。如果所有的树都犯同样的错误，那么随机森林也会犯这个错误。正如本例在数据重组之前所揭示的那样，在某些情况下，由于单体树无法解决数据中的挑战，所以随机森林无法显著改善错误。

若集成方法可以改善初期缺陷，或能从未来轮次中树的错误中学习，那么这种方法可能是有利的。提升技术旨在学习并纠正树在早期回合中所犯的错误。专门解决这个问题的是提升技术，尤其是梯度提升技术，而这正是下一章的重点。

在自行车租赁数据集中，当数据未被重组前，通过增加树的数量，对调整过的随机森林回归器和默认的 XGBoost 回归器的结果进行了比较，如图 3.5 所示。

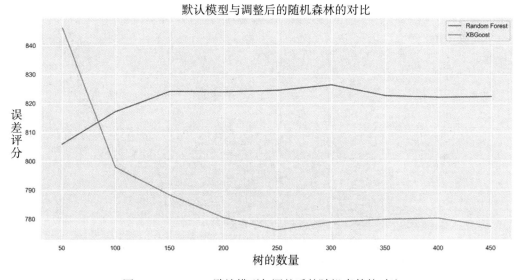

图 3.5　XGBoost 默认模型与调整后的随机森林的对比

由图 3-5 可知，随着决策树数量的增加，XGBoost 在学习方面表现得更好，况且这时 XGBoost 模型还没有调优。

3.5　总结

本章首先介绍了集成方法的重要性和装袋技术，并将自助采样和聚合相结合，将多个模型融合为一个，同时构建了随机森林分类器和回归器。然后，介绍了使用 warm_start 超参数调整 n_estimators 和使用 oob_score 查找错误。接着，修改了随机森林的超参数来微调模型。最后，通过案例研究，重组数据并得到了很好的结果，但在未重组的数据中，向随机森林添加更多的树并没有带来任何收益，这与 XGBoost 形成对比。

第 4 章　从梯度提升到 XGBoost

XGBoost 是一种独特的梯度提升形式，具有几个明显的优点，第 5 章将对此详细解释。为了解 XGBoost 相对于传统梯度提升的优势，必须首先了解传统梯度提升的工作原理。XGBoost 整合了传统梯度提升的一般结构和超参数。这一章将介绍作为 XGBoost 核心的梯度提升的潜力。

本章将从零开始构建梯度提升模型，然后将梯度提升模型和误差与之前的结果进行比较。本章将尤其关注如何利用学习率（learning rate）这一超参数来构建包括 XGBoost 在内的强大梯度提升模型。最后，通过一个关于系外行星的实例，用以强调大数据领域中对算法速度的关键需求，而 XGBoost 完全可以胜任。

本章将讨论以下内容：

（1）从装袋到提升；

（2）梯度提升的工作原理；

（3）修改梯度提升超参数；

（4）接近大数据：梯度提升与 XGBoost 的比较。

4.1　从装袋到提升

第 3 章介绍了为什么集成机器学习算法（如随机森林）通过将许多机器学习模型组合成一个模型可以做出更好的预测。随机森林被归类为装袋算法，因为它们采取的是自助取样（决策树）的聚合。

相比之下，提升法会从单个树的误差中学习，其总体思路是基于先前树的误差来调整新的树。

在提升法中，为每棵新的决策树进行误差修正所用的方法与装袋算法截然不同。在装袋模型中，新的决策树不会关注先前的决策树。另外，新的决策树是采用自助取样从零开始创建的，最终的模型聚合了所有单独的树。在提升算法中，每棵新的决策树都基于前一棵决策树构建而成。这些树并非独立存在，而是彼此嵌套构建。

4.1.1　AdaBoost 简介

AdaBoost 是最早且最受欢迎的提升模型之一。在 AdaBoost 中，每棵新树都会根据前一棵树的误差来调整其权重。通过调整以更高百分比影响这些样本的权重，我们会更多地关注出错的预测。通过从误差中学习，AdaBoost 就可以将弱学习器转变为强学习器。弱学习器是一种机器学习算法，其表现几乎不比随机猜测更好。相比之下，强学习器会从数据中学到相当多的东西，并能取得非常好的表现。

提升算法背后的总体思路就是将弱学习器转换为强学习器。弱学习器比随机猜测好不了多少。但在开局不利的背后，也有其一定的目的。基于这一总体思路，提升算法专注于迭代误差纠正实现，而非建立一个强大的基线模型。如果基线模型太强，学习过程必然受到限制，从而破坏了提升模型背后的一般策略。

弱学习器通过数百次迭代可转换为强学习器。从这个意义上说，小优势也可以发挥大作用。事实上，在过去几十年中，就产生最佳结果而言，提升一直是通用机器学习最佳策略之一。

本书不涉及关于 AdaBoost 的详细研究。和许多 scikit-learn 模型一样，实践中实现 AdaBoost 非常简单。AdaBoostRegressor 和 AdaBoostClassifier 算法可以从 sklearn.ensemble 库下载并适用于任何训练集。AdaBoost 算法中最重要的参数是 n_estimators，即创建强学习器所需的树（迭代）数量。

下面继续讨论梯度提升，这是 AdaBoost 的一个强有力的替代方案，在性能上略有优势。

4.1.2　有所区别的梯度提升算法

梯度提升与 AdaBoost 所用的方法不同。虽然梯度提升也会基于错误的预测进行调整，但它在这个思路上更进了一步：梯度提升完全根据先前树的预测误差去拟合每棵新树。也就是说，对于每棵新树，梯度提升算法会分析误差，并在这些误差的基础上完全构建一棵新的树，而新树不关心已经正确的预测。

构建一种只关注误差的机器学习算法，需要采取一种综合方法来对误差进行求和，以做出准确的最终预测。该方法利用的是残差，即模型预测值与实际值之间的差异。基本思路是：梯度提升计算每棵树预测的残差，并对所有残差求和，以便对模型进行评分。

理解残差的计算与求和是很重要的，因为这是 XGBoost 的核心思想，而 XGBoost 正是梯度提升的高级版本。在构建自己版本的梯度提升算法过程中，计算和残差求和的过程将变得清晰明了。下一节将构建我们自己的梯度提升模型。

4.2　梯度提升的工作原理

本节先来深入介绍一下梯度提升的内部机制，并通过在前一棵树的误差上训练新的树来从零开始构建梯度提升模型。这里的关键数学概念是残差。然后，我们再使用 scikit-learn 的梯度提升算法得到相同的结果。

4.2.1　残差

残差是给定模型的误差和预测之间的差异。在统计学中，通常分析残差以确定给定线性回归模型对数据的拟合程度。

考虑以下例子。

1. 自行车租赁

（1）预测值：759。

（2）实际结果：799。

（3）残差：799 – 759 = 40。

2. 收入统计

（1）预测值：100 000。

（2）实际结果：88 000。

（3）残差： 88 000 – 100 000 = –12 000。

残差表示模型的预测与现实的差距，它们可能是正数也可能是负数。

图 4.1 展示了线性回归线的残差。

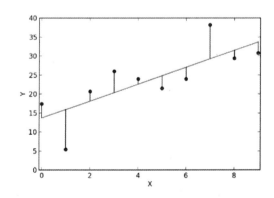

图 4.1　线性回归线的残差

线性回归的目标是最小化残差的平方。正如图 4.1 所显示的那样，残差的视觉效果可以展示该线与数据的拟合程度。在统计学中，线性回归分析通常通过绘制残差图来获得对数据的更深入了解。

为了从头开始建立梯度提升模型，接下来将计算每棵树的残差，并根据残差拟合一个新模型。

4.2.2　学习如何从零开始构建梯度提升模型

从零开始构建梯度提升模型，将使读者更深入地了解梯度提升如何用代码实现。在建立模型之前，需要访问数据，并为机器学习做好准备。

1. 处理自行车租赁数据集

继续用自行车租赁的数据集来比较新的模型和以前的模型。

（1）导入 pandas 和 NumPy，再添加一行代码来消除任何警告，代码如下：

```
import pandas as pd
import numpy as np
import warnings
warnings.filterwarnings('ignore')
```

（2）加载 bike_rentals_cleaned 数据集并查看前 5 行数据，代码如下：

```
df_bikes = pd.read_csv('bike_rentals_cleaned.csv')
df_bikes.head()
```

输出结果如图 4.2 所示。

	instant	season	yr	mnth	holiday	weekday	workingday	weathersit	temp	atemp	hum	windspeed	cnt
0	1	1.0	0.0	1.0	0.0	6.0	0.0	2	0.344167	0.363625	0.805833	0.160446	985
1	2	1.0	0.0	1.0	0.0	0.0	0.0	2	0.363478	0.353739	0.696087	0.248539	801
2	3	1.0	0.0	1.0	0.0	1.0	1.0	1	0.196364	0.189405	0.437273	0.248309	1349
3	4	1.0	0.0	1.0	0.0	2.0	1.0	1	0.200000	0.212122	0.590435	0.160296	1562
4	5	1.0	0.0	1.0	0.0	3.0	1.0	1	0.226957	0.229270	0.436957	0.186900	1600

图 4.2　自行车租赁数据集的前 5 行数据

（3）将数据分成 X 以及 y，并将 X 和 y 分成训练集和测试集，代码如下：

```
X_bikes = df_bikes.iloc[:,:-1]
y_bikes = df_bikes.iloc[:,-1]
from sklearn.model_selection import train_test_split
```

```
X_train, X_test, y_train, y_test = train_test_split(X_bikes,
y_bikes, random_state=2)
```

2. 从零开始建立一个梯度提升模型

具体步骤如下：

（1）将数据拟合到决策树：可以使用 max_depth 值为 1 的决策树树桩，或 max_depth 值为 2 或 3 的决策树。最初的决策树，也称为基学习器，不应该为获得更高的准确率而调整。所需的模型应注重从误差中学习，而非过度依赖基学习器。

使用 max_depth=2 初始化决策树，并将其作为 tree_1 在训练集上拟合，因为它是集成中的第一棵树。代码如下：

```
from sklearn.tree import DecisionTreeRegressor
tree_1 = DecisionTreeRegressor(max_depth=2, random_state=2)
tree_1.fit(X_train, y_train)
```

（2）使用训练集进行预测。在梯度提升中，不使用测试集进行预测，而是首先使用训练集进行预测。这是因为，为了计算残差，需要在训练阶段比较预测值。模型构建的测试阶段在所有决策树构建完成后进行。对于第一轮的训练预测，将 predict 函数添加到 tree_1 中，并将 X_train 作为输入，代码如下：

```
y_train_pred = tree_1.predict(X_train)
```

（3）计算残差。残差是预测值和目标列之间的差异。这里将 X_train 的预测（此处定义为 y_train_pred）从目标列 y_train 中减去以计算残差，代码如下：

```
y2_train = y_train - y_train_pred
```

> **注意**
>
> 残差定义为 y2_train，因为它们是下一棵树的新目标列。

（4）在残差上拟合新树。在残差上拟合新树不同于在训练集上拟合模型，主要区别在于预测。

在自行车租赁数据集中，当在残差上拟合一棵新树时，应逐步得到较小的数值。

初始化一棵新树并将其拟合到 X_train 和残差 y2_train 上，代码如下：

```
tree_2 = DecisionTreeRegressor(max_depth=2, random_state=2)
tree_2.fit(X_train, y2_train)
```

（5）重复步骤（2）～（4）：随着过程的继续，残差应逐渐从正负两个方向逼近 0，迭代次数为 n_estimators。

对第三棵树重复这个过程，如下所示：

```
y2_train_pred = tree_2.predict(X_train)
y3_train = y2_train - y2_train_pred
tree_3 = DecisionTreeRegressor(max_depth=2, random_state=2)
tree_3.fit(X_train, y3_train)
```

这个过程可能会持续数十、数百或数千棵树。将弱学习器转换为强学习器需要更多的树。

本节目标是了解梯度提升背后的工作原理，因此一旦了解了总体思路，就将继续下一步。

（6）对结果求和。对结果求和需要使用测试集对每棵树进行预测，如下所示：

```
y1_pred = tree_1.predict(X_test)
y2_pred = tree_2.predict(X_test)
y3_pred = tree_3.predict(X_test)
```

由于预测值是正负差值，因此将预测值相加，应能得出更接近目标列的预测值，如下所示：

```
y_pred = y1_pred + y2_pred + y3_pred
```

（7）计算均方误差以获得如下结果：

```
from sklearn.metrics import mean_squared_error as MSE
MSE(y_test, y_pred)**0.5
```

预期输出如下：

```
911.0479538776444
```

对于尚未强大的弱学习器而言，这还算不错。

4.2.3　在 scikit-learn 中构建梯度提升模型

下面将尝试通过一些超参数调整，看看是否能用 scikit-learn 的 GradientBoosting-Regressor 获得与 4.2.2 节梯度提升相同的结果。

使用 GradientBoostingRegressor 的优点是构建速度更快且更易于实现，具体流程如下。

（1）从 sklearn.ensemble 库中导入该回归器，代码如下：

```
from sklearn.ensemble import GradientBoostingRegressor
```

（2）初始化 GradientBoostingRegressor。要获得与 4.2.2 节梯度提升相同的结果，必须匹配 max_depth=2 和 random_state=2。由于只有三棵树，必须设置 n_estimators=3。另外，还必须设置超参数 learning_rate=1.0。代码如下：

```
gbr = GradientBoostingRegressor(max_depth=2, n_estimators=3,
random_state=2, learning_rate=1.0)
```

（3）现在模型已经初始化完成，可以拟合训练数据并根据测试数据进行评分。代码如下：

```
gbr.fit(X_train, y_train)
y_pred = gbr.predict(X_test)
MSE(y_test, y_pred)**0.5
```

结果如下：

```
911.0479538776439
```

与 4.2.2 节梯度提升结果相比，两者截止小数点后 11 位，都是一样的。

梯度提升的目的是通过构建足够多的树来将弱学习器转换为强学习器。通过将迭代次数 n_estimators 更改为更大的数字，这一目的很容易实现。

（4）建立一个迭代次数为 30 的梯度提升回归器并进行评分，代码如下：

```
gbr = GradientBoostingRegressor(max_depth=2, n_estimators=30,
random_state=2, learning_rate=1.0)
gbr.fit(X_train, y_train)
y_pred = gbr.predict(X_test)
MSE(y_test, y_pred)**0.5
```

结果如下：

```
857.1072323426944
```

评分有所提升。接下来查看迭代次数为 300 的评分：

```
gbr = GradientBoostingRegressor(max_depth=2, n_estimators=300,
random_state=2, learning_rate=1.0)
gbr.fit(X_train, y_train)
y_pred = gbr.predict(X_test)
MSE(y_test, y_pred)**0.5
```

结果如下：

```
936.3617413678853
```

评分变差了。

每当出现意外结果时，需要仔细检查一下代码。上述代码改变了 learning_rate，但并没有多加解释。那么，如果不设置 learning_rate=1.0，而使用 scikit-learn 的默认值，又会出现什么情况呢？代码如下：

```
gbr=GradientBoostingRegressor(max_depth=2, n_estimators=300, random_
state=2)
gbr.fit(X_train, y_train)
y_pred = gbr.predict(X_test)
MSE(y_test, y_pred)**0.5
```

结果如下：

```
653.7456840231495
```

通过使用 scikit-learn 中 learning_rate 超参数的默认值，评分从 936 降至 654。

4.3 修改梯度提升超参数

本节将重点关注梯度提升超参数：learning_rate。可能除了模型中的迭代次数或树的数量 n_estimators 外，该超参数应该是最重要的。本节还将讨论一些会导致随机梯度提升的超参数和子样本。此外，还将比较 RandomizedSearchCV 与 XGBoost。

4.3.1 learning_rate

如上节所述，将 GradientBoostingRegressorf 的 learning_rate 从 1.0 改为 scikit-learn 的默认值（0.1），结果带来了巨大的收益。

learning_rate 又称为收敛因子（shrinkage），它通过缩小个体决策树的贡献来建立模型，以避免某一棵决策树对模型产生过大的影响。如果整个集成是由一个基学习器的误差构建而成，并没有仔细调整超参数，那么模型中的早期树可能会对后续的开发产生过多的影响。learning_rate 限制了单棵树的影响。一般来说，随着 n_estimators 的增加，learning_rate 应该降低。

确定最佳的 learning_rate 值，需要改变 n_estimators。首先，可以保持 n_estimators 不变，单独观察 learning_rate 的影响。learning_rate 的范围从 0 到 1，值为 1 表示不进行任何调整，而默认值 0.1 意味着树的影响权重为 10%。

以下是一个合理的初始范围：learning_rate_values=[0.001，0.01，0.05，0.1，0.15，0.2，0.3，0.5，1.0]。

接下来，将通过构建一个新的 GradientBoostingRegressor 并对其进行评分来遍历这些值，以查看分数的比较情况：

```
for value in learning_rate_values:
gbr = GradientBoostingRegressor(max_depth=2, n_estimators=300, random_
state=2, learning_rate=value)
gbr.fit(X_train, y_train)
y_pred = gbr.predict(X_test)
rmse=MSE(y_test, y_pred)**0.5
        print('Learning Rate:', value, ', Score:', rmse)
```

学习率值和评分如下：

```
Learning Rate:0.001, Score: 1633.0261400367258
Learning Rate:0.01, Score: 831.5430182728547
Learning Rate:0.05, Score: 685.0192988749717
Learning Rate:0.1, Score: 653.7456840231495
Learning Rate:0.15, Score: 687.666134269379
Learning Rate:0.2, Score: 664.312804425697
Learning Rate:0.3, Score: 689.4190385930236
Learning Rate:0.5, Score: 693.8856905068778
Learning Rate:1.0, Score: 936.3617413678853
```

从输出中可以看出，对于 300 棵树，learning_rate 的默认值 0.1 可以得到最好的评分。n_estimators 为 30 棵、300 棵和 3000 棵树的 learning_rate 图，如图 4.3 所示。

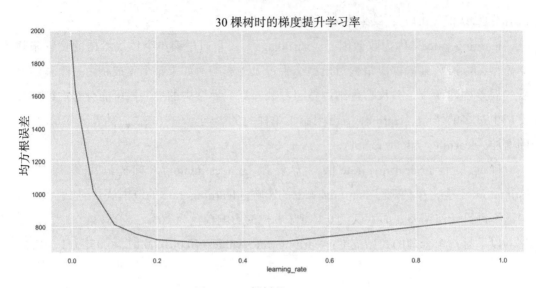

图 4.3   30 棵树的 learning_rate

有 30 棵树时，learning_rate 值在 0.3 左右达到峰值。3000 棵树的 learning_rate 如图 4.4 所示。

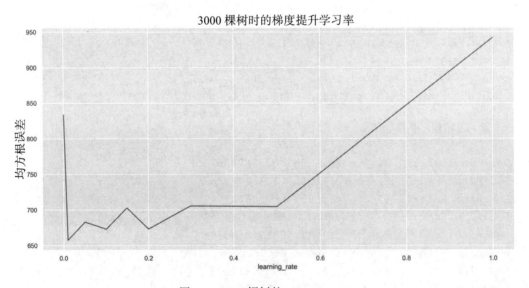

图 4.4   3000 棵树的 learning_rate

对于 3000 棵树，learning_ratevalue 在第二个值处达到峰值，该值为 0.05。

这些图强调了一起调整 learning_rate 和 n_estimators 的重要性。

4.3.2   基学习器

梯度提升回归器中的初始决策树被称为基学习器，因为它位于集成的基础部分。

它是这个过程中的第一个学习器。这里的"学习器"一词是指弱学习器，它终将转变为强学习器。

尽管基学习器不需要针对精度进行微调，正如第 2 章中所述，但是为了获得精度上的提升，微调基学习器是完全可行的。

例如，可以选择 max_depth 值为 1、2、3 或 4，并按如下方式比较结果：

```
depths = [None, 1, 2, 3, 4]
for depth in depths:
gbr = GradientBoostingRegressor(max_depth=depth, n_estimators=300,
random_state=2)
gbr.fit(X_train, y_train)
y_pred = gbr.predict(X_test)
rmse = MSE(y_test, y_pred)**0.5
print('Max Depth:', depth, ', Score:', rmse)
```

结果如下：

```
Max  Depth: None,       Score: 867.9366621617327
Max  Depth: 1 ,    Score: 707.8261886858736
Max  Depth: 2 ,    Score: 653.7456840231495
Max  Depth: 3 ,    Score: 646.4045923317708
Max  Depth: 4 ,    Score: 663.048387855927
```

max_depth 值为 3 会产生最好的结果。

其他基学习器的超参数也可以用类似的方式进行调整。

4.3.3　subsample

subsample 是一个样本的子集。由于样本是行，选取行的子集意味着在构建每棵树时可能不包含所有行。通过将 subsample 从 1.0 改为更小的小数，决策树在构建时只选择该百分比样本。举例来说，当 subsample=0.8 时，每棵树会选择 80% 的样本。

接下来，在保持 max_depth=3 的前提下，尝试使用不同的子采样百分比来提高结果。代码如下：

```
samples = [1,0.9,0.8,0.7,0.6,0.5]
for sample in samples:
gbr = GradientBoostingRegressor(max_depth=3, n_estimators=300,
subsample=sample, random_state=2)
gbr.fit(X_train, y_train)
y_pred = gbr.predict(X_test)
```

```
rmse = MSE(y_test, y_pred)**0.5
print('Subsample:', sample, ', Score:', rmse)
```

结果如下：

```
Subsample: 1 ,    Score: 646.4045923317708
Subsample: 0.9,   Score: 620.1819001443569
Subsample: 0.8,   Score: 617.2355650565677
Subsample: 0.7,   Score: 612.9879156983139
Subsample: 0.6,   Score: 622.6385116402317
Subsample: 0.5,   Score: 626.9974073227554
```

上述结果显示，使用 300 棵树，max_depth 为 3，subsample 为 0.7 时，能够获得最佳评分。

当 subsample 不等于 1 时，该模型被归类为随机梯度下降算法，其中随机表示模型具有一定的随机性。

4.3.4　RandomizedSearchCV

目前已经有一个很好的工作模型，但尚未执行网格搜索。初步分析表明，以 max_depth=3、subsample=0.7、n_estimators=300 和 learning_rate=0.1 为关键参数值进行网格搜索将带来很好的起始。随着 n_estimators 的增加，learning_rate 应该下降。

（1）从以下参数值开始：

```
params={'subsample':[0.65, 0.7, 0.75],
        'n_estimators':[300, 500, 1000],
        'learning_rate':[0.05, 0.075, 0.1]}
```

从起始值 300 开始，n_estimators 逐渐增加，同时学习率 learning_rate 从起始值 0.1 逐渐减小。通过保持 max_depth=3 来限制方差。通过使用 27 种可能的超参数组合，使用 RandomizedSearchCV 尝试其中的 10 个组合，以期找到一个良好的模型。

注意

虽然使用 GridSearchCV 可以得到 27 种可行的组合，但是在某些情况下，可能性太多，这时 RandomizedSearchCV 会变得至关重要。在此采用 RandomizedSearchCV 进行练习，以加快计算速度。

（2）导入 RandomizedSearchCV 并初始化一个梯度提升模型：

```
from sklearn.model_selection import RandomizedSearchCV
gbr = GradientBoostingRegressor(max_depth=3, random_state=2)
```

（3）除了迭代次数、评分和分割次数之外，还使用 gbr 和 params 作为输入初始化 RandomizedSearchCV。注意，n_jobs=-1 可以加速计算，而 random_state=2 可以确保结果的一致性。代码如下：

```
rand_reg = RandomizedSearchCV(gbr, params, n_iter=10,
scoring='neg_mean_squared_error', cv=5, n_jobs=-1,
random_state=2)
```

（4）在训练集上拟合模型，获取最佳参数和评分，代码如下：

```
rand_reg.fit(X_train, y_train)
best_model = rand_reg.best_estimator_
best_params = rand_reg.best_params_
print("Best params:", best_params)
best_score = np.sqrt(-rand_reg.best_score_)
print("Training score: {:.3f}".format(best_score))
y_pred = best_model.predict(X_test)
rmse_test = MSE(y_test, y_pred)**0.5
print('Test set score: {:.3f}'.format(rmse_test))
```

结果如下：

```
Best params: {'learning_rate': 0.05, 'n_estimators': 300,
'subsample': 0.65}
Training score: 636.200
Test set score: 625.985
```

从这里开始，值得通过单独或成对改变参数来进行试验。尽管目前最好的模型是 n_estimators=300，但通过仔细调整 learning_rate 值，提高这个超参数肯定有可能获得更好的结果。另外，也可以对 subsample 进行试验。

（5）经过几轮试验，得到了以下模型：

```
gbr = GradientBoostingRegressor(max_depth=3, n_estimators=1600,
subsample=0.75, learning_rate=0.02, random_state=2)
gbr.fit(X_train, y_train)
y_pred = gbr.predict(X_test)
MSE(y_test, y_pred)**0.5
```

运行结果如下：

```
596.9544588974487
```

通过将 n_estimators 值调整到 1600，learning_rate 降至 0.02，保持 subsample 在 0.75 左右并将 max_depth 保持在 3，得到了最佳的均方根误差值，仅为 597。

接下来分析，在使用相同超参数下，XGBoost 与梯度提升的不同，这些超参数都是目前为止已使用过的。

4.3.5 XGBoost

XGBoost 是梯度提升的高级版本，具有与梯度提升相同的一般结构，通过对树的残差求和，将弱学习器转换为强学习器。在超参数方面，与 4.3.4 节的唯一区别是，XGBoost 使用 eta 代替 learning_rate。下面以相同的超参数构建一个 XGBoost 回归器来比较结果。

从 xgboost 导入 XGBRegressor，并按以下方式初始化和评分模型：

```
from xgboost import XGBRegressor
xg_reg = XGBRegressor(max_depth=3, n_estimators=1600, eta=0.02,
subsample=0.75, random_state=2)
xg_reg.fit(X_train, y_train)
y_pred = xg_reg.predict(X_test)
MSE(y_test, y_pred)**0.5
```

结果如下：

```
584.339544309016
```

结果要比上节的梯度提升的评分更好。

在构建机器学习模型时，准确率和速度是最重要的两个概念，而事实已经多次证明，XGBoost 非常准确。XGBoost 总体上要优于梯度提升，因为它能够始终稳定地提供更好的结果，而且速度更快。这一点可以通过以下实例得到证明。

4.4 接近大数据——梯度提升与 XGBoost 的比较

在现实世界中，数据集可能非常庞大，有数万亿个数据点。将任务限制在一台计算机上可能会有缺点，因为一台机器的资源有限。在处理大数据时，通常会利用云计算来并行处理。

当数据集突破了算力极限时，它们就是大数据。迄今为止，本书中的数据集只有数万行，列数不超过一百，所以除非遇到错误（每个人都会遇到），应该没有明显的时间延迟。

本节将考察系外行星随时间的变化。该数据集有 5087 行和 3189 列，记录了恒星生命周期中不同时间点的光通量。将列和行相乘会产生 150 万个数据点。使用 100 棵树的基线，需要 1.5 亿个数据点来建立一个模型。

对于本节内容，笔者所用的是 2013 年出品的 MacBook Air，等待时间约为 5 分钟。新电脑应该更快。根据所选择的系外行星数据集，等待时间可以发挥重要作用，而无需长时间占用计算机。

4.4.1 介绍系外行星数据集

系外行星数据集取自 Kaggle，日期为 2017 年左右，读者可去 Kaggle 官网处获取该数据集。该数据集包含有关恒星光线的信息。每一行都代表一颗独立的恒星，随着时间的推移，列会显示出不同的光模式。除了光模式之外，如果恒星拥有系外行星，则系外行星列标记为 2，否则它被标记为 1。

该数据集记录了来自数千颗恒星的光通量。光通量是恒星的感知亮度。

> **注意**
>
> 感知亮度不同于实际亮度。例如，非常远的一颗非常亮的恒星可能有很小的光通量（看起来很暗），而非常近的一颗中等亮的恒星，如太阳，可能有很大的光通量（看起来很亮）。

当一颗恒星的光通量周期性变化时，这颗恒星可能正被一颗系外行星环绕。这一推断所基于的理由是，当系外行星运行到恒星前面时，它会阻挡一小部分恒星所发出的光线，使感知亮度略微降低。

> **提示**
>
> 系外行星是很罕见的。对于恒星是否拥有系外行星的预测结果列，正样本数量非常少，导致数据集不平衡。不平衡的数据集需要额外的预防措施。第 7 章会详细介绍不平衡数据集，在那里再对该数据集作进一步介绍。

接下来，将访问系外行星数据集，并为机器学习做准备。

4.4.2 预处理系外行星数据集

系外行星数据集已经上传到 GitHub 页面，以下是为机器学习加载和预处理系外行星数据集的步骤。

（1）将 exoplanets.csv 下载到 Jupyter Notebook 所在的文件夹中。代码如下：

```
df = pd.read_csv('exoplanets.csv')
df.head()
```

系外行星数据集如图 4.5 所示。

	LABEL	FLUX.1	FLUX.2	FLUX.3	FLUX.4	FLUX.5	FLUX.6	FLUX.7	FLUX.8	FLUX.9
0	2	93.85	83.81	20.10	-26.98	-39.56	-124.71	-135.18	-96.27	-79.89
1	2	-38.88	-33.83	-58.54	-40.09	-79.31	-72.81	-86.55	-85.33	-83.97
2	2	532.64	535.92	513.73	496.92	456.45	466.00	464.50	486.39	436.56
3	2	326.52	347.39	302.35	298.13	317.74	312.70	322.33	311.31	312.42
4	2	-1107.21	-1112.59	-1118.95	-1095.10	-1057.55	-1034.48	-998.34	-1022.71	-989.57

5 rows × 3198 columns

图 4.5　系外行星数据集

受篇幅所限，没有显示所有列。FLUX 列数据都是浮点数。在 LABEL 列中，对于拥有系外行星的恒星来说，取值为 2；对于没有系外行星的恒星，取值是 1。

（2）使用 df.info() 确认所有列都是数值型的，代码如下：

```
df.info()
```

显示结果如下：

```
<class 'pandas.core.frame.DataFrame'>
RangeIndex: 5087 entries, 0 to 5086
Columns: 3198 entries, LABEL to FLUX.3197
dtypes: float64(3197), int64(1)
memory usage: 124.1 MB
```

从输出结果中可以看出，3197 列为浮点数，1 列为整数，因此所有列都是数值型的。

（3）使用以下代码确认数据集空值的数量：

```
df.isnull().sum().sum()
```

输出如下：

```
0
```

输出显示数据集没有空值。

（4）由于所有列都是数值列，且没有空值，可以将数据集拆分为训练集和测试集。其中，第 0 列是目标列 y，其他所有列都是预测列 X：

```
X = df.iloc[:,1:]
y = df.iloc[:,0]
X_train, X_test, y_train, y_test = train_test_split(X, y,
random_state=2)
```

下面将建立一个梯度提升分类器来预测恒星是否拥有系外行星。

4.4.3　构建梯度提升分类器

梯度提升分类器的工作方式与梯度提升回归器相同。差异主要体现在评分上。

除 accuracy_score 外，还需导入 GradientBoostingClassifer 和 XGBClassifier，以便对这两个模型进行比较：

```
from sklearn.ensemble import GradientBoostingClassifier
from xgboost import XGBClassifier
from sklearn.metrics import accuracy_score
```

接下来，使用计时器比较模型运行时长。

4.4.4　时间模块

Python 自带一个时间库，可以用来标记时间。一般的做法是标记计算前后的时间。这些时间之间的差异显示计算花了多长时间。这个时间库的导入方式如下：

```
import time
```

在时间库中，.time() 函数以秒为单位标记时间。

如下代码通过使用 time.time() 指定计算前后的开始和结束时间来查看运行 df.info() 的时间。

```
start = time.time()
df.info()
```

```
end = time.time()
elapsed = end - start
print('\nRun Time: ' + str(elapsed) + ' seconds.')
```

输出结果如下：

```
<class 'pandas.core.frame.DataFrame'>
RangeIndex: 5087 entries, 0 to 5086
Columns: 3198 entries, LABEL to FLUX.3197
dtypes: float64(3197), int64(1)
memory usage: 124.1 MB
```

运行时间如下：

```
Run Time: 0.0525362491607666 seconds.
```

接下来，利用上述代码计时来比较 GradientBoostingClassifier 和 XGBoostClassifier 在使用系外行星数据集上的速度表现。

提示

Jupyter Notebook 附带魔术功能，在命令前用 % 符号表示。%timeit 就是这样一种神奇的功能。%timeit 不是计算运行一次代码需要多长时间，而是计算多次运行代码需要多长时间。

4.4.5　比较速度

下面用系外行星数据集来比较 GradientBoostingClassifier 和 XGBoostClassifier 的计算性能。设置 max_depth=2 和 n_estimators=100 来限制模型的大小。先从 GradientBoostingClassifier 开始。

（1）标记开始时间。建立模型并评分后，将标记结束时间。根据不同的计算机性能，以下代码可能需要大约 5 分钟的时间来运行：

```
start = time.time()
gbr = GradientBoostingClassifier(n_estimators=100, max_
depth=2, random_state=2)
gbr.fit(X_train, y_train)
y_pred = gbr.predict(X_test)
score = accuracy_score(y_pred, y_test)
print('Score: ' + str(score))
```

```
end = time.time()
elapsed = end - start
print('\nRun Time: ' + str(elapsed) + ' seconds')
```

其结果如下：

```
Score: 0.9874213836477987
Run Time: 317.6318619251251 seconds
```

在 2013 年款苹果电脑上，上述梯度提升聚合算法完成训练大约需要 5 分钟。

> **注意**
>
> 尽管 98.7% 的评分通常在准确性方面非常出色，但在不平衡数据集中情况并非如此，这一点将在第 7 章中予以详述。

（2）使用相同的超参数构建 XGBClassifier 模型，并以相同的方式标记时间，代码如下：

```
start = time.time()
xg_reg = XGBClassifier(n_estimators=100, max_depth=2, random_
state=2)
xg_reg.fit(X_train, y_train)
y_pred = xg_reg.predict(X_test)
score = accuracy_score(y_pred, y_test)
print('Score: ' + str(score))
end = time.time()
elapsed = end - start
print('Run Time: ' + str(elapsed) + ' seconds')
```

结果如下：

```
Score: 0.9913522012578616
Run Time: 118.90568995475769 seconds
```

同样在 2013 年款的 MacBook Air 上，XGBoost 只用了不到 2 分钟，速度快了一倍多，准确度也提高了半个百分点。

当涉及大数据时，算法快一倍，就可以节省数周或数月的计算时间和资源。在大数据领域中，这一优势是十分明显的。

于是，在提升模型的领域中，XGBoost 由于其无与伦比的速度和令人惊叹的准确性而成为首选模型。

系外行星数据集将在第 7 章中详述，这是一个重要的实例，从中揭示了处理不平衡数据集所面临的挑战以及各种可能的解决方案。

4.5　总结

本章介绍了装袋和提升之间的区别。通过从头开始构建一个梯度提升回归器，学习了梯度提升的工作原理。实现了各种梯度提升超参数，包括学习率（learning_rate）、评估器数量（n_estimators）、最大深度（max_depth）和子采样（subsample）以及随机梯度提升。使用大数据来预测恒星是否拥有太阳系外行星，通过比较 GradientBoostingClassifier 和 XGBoostClassifier 的运行时间，发现 XGBoostClassifier 速度是 GradientBoostingClassifier 的 2 ～ 10 倍，并且精度更高。

关键在于，要明白何时应采用 XGBoost，而不是类似的机器学习算法，比如梯度提升。另外，还需要了解如何通过正确利用核心的一些超参数，包括 n_estimators 和 learning_rate，来构建更强大的 XGBoost 和梯度提升模型。

至此，已经完成了 XGBoost 的所有预备章节。本章旨在展示 XGBoost 的需求是如何从集成方法、提升方法、梯度提升以及大数据中产生的。

第二部分
XGBoost

　　该部分介绍并深入研究了 XGBoost 通用框架，包括基础模型、速度增强、数学推导和原始 Python API。并详细分析、总结和优化了 XGBoost 的超参数。

　　通过实例，介绍了如何建立和优化强大的 XGBoost 模型，以及解决模型权重不平衡和评分较差问题的方法。

　　本部分包括以下章节：

第 5 章 "XGBoost 揭秘"

第 6 章 "XGBoost 超参数"

第 7 章 "用 XGBoost 发现系外行星"

第 5 章　XGBoost 揭秘

本章将介绍极限梯度提升，也就是 XGBoost。本章前半部分重点介绍 XGBoost 为树集成算法带来的显著进步背后的理论。后半部分重点介绍在 Kaggle 上举办的希格斯玻色子机器学习挑战赛中建立 XGBoost 模型，正是该竞赛向世界展示了 XGBoost 这一强大工具。

具体而言，读者会学习通过一些优化方法使 XGBoost 更快，了解 XGBoost 如何处理缺失值以及 XGBoost 正则化参数选择背后的数学推导过程。同时，将建立用于构建 XGBoost 分类器和回归器的模型模板。还将介绍发现了希格斯玻色子的大型强子对撞机，并在该数据集上使用原始的 XGBoost Python API 进行数据分析和预测。

本章主要内容如下：

（1）设计 XGBoost；

（2）分析 XGBoost 参数；

（3）构建 XGBoost 模型；

（4）案例：寻找希格斯玻色子。

5.1　设计 XGBoost

XGBoost 是对梯度提升的重大升级。本节将介绍 XGBoost 区别于梯度提升和其他树集成算法的关键特性。

5.1.1　背景描述

随着大数据的加速发展，人们开始寻求出色的机器学习算法来产生准确、最优的预测。决策树生成的机器学习模型过于准确，无法很好地泛化到新数据。通过装袋和提升将许多决策树组合在一起的集成方法被证明更为有效。从树形集成方法中出现的一种领先算法是梯度提升算法。

梯度提升的一致性、强大功能和出色的结果说服了华盛顿大学的陈天奇来增强该算法的能力。他将新算法称为 XGBoost，也就是 Extreme Gradient Boosting 的缩写。这种新的梯度提升形式内置有正则化，其速度提升令人印象深刻。

5.1.2　设计特点

正如第 4 章所述，处理大数据显然需要更快的算法。极限梯度提升中的"极限"二字意味着将算力推到极致。突破算力极限不仅需要模型构建方面的知识，还需要磁盘读取、压缩、缓存和内核方面的知识。

尽管本书重点仍然在于建立 XGBoost 模型，但也会深入介绍 XGBoost 算法的内部结构，以了解其关键性改进，如处理缺失值、提高速度和准确性等，这些改进正使 XGBoost 变得更快、更准确、更具吸引力。

1. 处理缺失值

第 1 章花费了大量时间练习修复空值的不同方法。这是所有机器学习从业者必备的基本技能。但是，XGBoost 有一个任意取值的超参数 missing，可以用来处理缺失值。假如某个数据点缺失，XGBoost 可对不同的分割选项进行评分，并选择结果最好的那一个。

2. 提高速度

XGBoost 专为提高速度而设计。速度越快，机器学习模型就能够更快地构建出来，这在处理数百万、数十亿或数万亿行数据时尤为重要。这种体量的数据在大数据的世界里并不罕见，工程技术领域和科学界每天积累的数据比以往任何时候都多。以下这些新的设计特性使 XGBoost 在速度上极大优于同类集成算法：

（1）近似拆分查找算法。

（2）稀疏度感知拆分查找。

（3）并行计算。

（4）缓存感知访问。

（5）块压缩和分片。

接下来详细解释一下这些特性：

1）近似拆分查找算法

决策树需要最优分割来产生最优结果。贪婪算法在每一步都选择最好的分割，并且不回溯查看以前的分支。决策树的分割通常以贪婪的方式进行。

XGBoost 提供了一种精确贪婪算法和新的近似拆分查找算法。拆分查找算法使用分位数（将数据分割的百分比）来提出候选拆分。针对全局方案，在整个训练中使用相同的分位数；而在局部方案中，为每一轮拆分提供新的分位数。

分位数草图适用于等权重数据集。XGBoost 提出了一种新的基于合并和剪枝的加权分位数草图，并给出了理论保证。读者可查看 XGBoost 原始论文来了解该算法的数学细节。

2）稀疏感知拆分查找

大多数条目为 0 或空值时，就会出现稀疏数据。当数据集主要由空值组成或已进行了独热（one-hot）编码时，就可能会出现这种情况。第 1 章使用 pd.get_dummies 将分类列转换为数值列，这导致数据集变得更大，其中有许多数值为 0。这种将分类列转换为数值列的方法通常称为独热编码，其中数值列中的 1 表示存在，0 表示不存在。第 10 章将详述独热编码。

稀疏矩阵被设计用于仅存储具有非零和非空值的数据点。这可以节省宝贵的空间。由于矩阵是稀疏的，所以 XGBoost 的稀疏感知拆分速度更快。

根据原论文 *XGBoost: A Scalable Tree Boosting System* 的陈述，在 All-State-10K 数据集上，稀疏感知的拆分查找算法比标准方法快 50 倍。

3）并行计算

由于每棵树都依赖于前一棵树的结果，所以提升并不是并行计算的理想选择。然而，并行化仍有可能发生。

分割查找算法利用了块，并且由于块的存在，分位数的搜索速度更快。在这些情况下，XGBoost 提供并行计算以加快模型构建过程。

4）缓存感知访问

计算机上的数据被分为缓存和主内存。缓存被预留用于高速存储器，其中存储了使用最频繁的数据。不经常使用的数据被保留在速度较慢的主内存中。不同的缓存级别具有不同数量级的延迟。

当涉及梯度统计时，XGBoost 使用缓存感知预取。XGBoost 分配一个内部缓冲区，获取梯度统计数据，并对小批量数据进行累计。根据 *XGBoost:A Scalable Tree Boosting System*，预取可以延长读/写依赖性，并且对于具有大量行的数据集，可以将运行时间缩短约 50%。

5）块压缩和块分片

XGBoost 通过块压缩和块分片提供额外的速度提升。块压缩通过对列进行压缩，有助于解决计算密集型的磁盘读取问题。块分片通过将数据分片到多个磁盘中，在读取数据时进行交替，从而降低了读取时间。

3. 提高准确性

XGBoost 通过添加内置的正则化来实现比梯度提升更高的准确性收益。正则化是一种增加信息以减少方差并防止过拟合的过程。虽然可以通过超参数微调对数据进行正则化，但也可以尝试正则化算法。如 Ridge 和 Lasso 是线性回归的正则化机器学习替代方案。

XGBoost 在学习目标中包含正则化，这与梯度提升和随机森林形成对比。正则化参数惩罚复杂度并平滑最终权重，以防止过拟合。XGBoost 是梯度提升的正则化版本。

以下将介绍 XGBoost 学习目标背后的数学知识，它将正则化与损失函数相结合。尽管使用 XGBoost 并不需要了解数学知识，但数学知识有助于更深入地理解 XGBoost。如无兴趣，可以跳过下一节。

5.2 分析 XGBoost 参数

本节将通过数学推导分析 XGBoost 用以创建先进机器学习模型的参数。同时，这里还将保持第 2 章中提出的参数和超参数的区别。超参数是在模型训练之前选择的，而参数则是在模型训练过程中选择的。换句话说，参数是模型从数据中学习到的内容。

以下推导过程取自 XGBoost 官方文档 *Introduction to Boosted Trees*。

学习目标

机器学习模型的学习目标决定了模型与数据的拟合程度。对 XGBoost 算法而言，学习目标包含两部分：损失函数和正则化项。

从数学上讲，XGBoost 的学习目标可以定义如下：

$$\text{obj}(\theta) = l(\theta) + \Omega(\theta)$$

这里，$l(\theta)$ 是损失函数，对于回归问题而言是均方误差（MSE），对于分类问题而言是对数损失。而 $\Omega(\theta)$ 则是正则化函数，是一种惩罚项，用于防止过拟合。在目标函数中添加正则化项是区分 XGBoost 与大多数树集成的特征。

下面通过考虑回归的 MSE 来更详细地了解目标函数：

1. 损失函数

损失函数被定义为回归问题中的均方误差，用求和表示法写成如下形式：

$$l(\theta) = \sum_{i=1}^{n} (y_i - \hat{y}_i)^2$$

这里，y_i 是第 i 行的目标值，$\hat{y}_i$ 是机器学习模型对第 i 行的预测值。求和符号 Σ 表示对所有行求和，从 $i=1$ 开始，到 $i=n$ 结束。

给定树的预测 $\hat{y}_i$ 需要一个从根节点开始到叶节点结束的函数。在数学上，这可以表示为

$$\hat{y}_i = f(\boldsymbol{x}_i), f \in F$$

这里，$\boldsymbol{x}_i$ 是一个向量，其条目是第 i 行的列，$f \in F$ 表示函数 f 是 F 的成员，F 则是所有可能的 CART 函数的集合。CART 是分类与回归树（Classification And Regression Trees）的缩写。CART 算法为所有叶节点提供了实数值，即使是用于分类的算法。

在梯度提升算法中，确定第 i 行预测的函数包括之前所有函数的总和，正如第 4 章所述。因此，可以这样写：

$$\hat{y}_i = \sum_{t=1}^{T} f_t(\boldsymbol{x}_i), f_t \in F$$

这里，T 是提升树的数量。换句话说，要得到第 i 棵树的预测值，需要将之前所有树的预测值加起来，再加上新树的预测值。符号 $f_t \in F$ 表明这些函数属于 F。

第 t 棵提升树的学习目标现在可以重写如下：

$$\text{obj}^{(t)} = \sum_{i=1}^{n} l\left(y_i, \hat{y}_i^t\right) + \sum_{i=1}^{t} \Omega(f_i)$$

这里，$l(y_i, \hat{y}_i^t)$ 是第 t 棵提升树的一般损失函数，$\Omega(f_t)$ 是正则化项。

由于提升树是将之前树的预测结果与新树的预测结果相加，因此必须满足公式 $\hat{y}_i^t = \hat{y}_i^{t-1} + f_t(\boldsymbol{x}_i)$。这就是累积训练背后的理念。

将其代入前面的学习目标，得到以下结果：

$$\text{obj}^{(t)} = \sum_{i=1}^{n} l\left(y_i, \hat{y}_i^{t-1} + f_t(\boldsymbol{x}_i)\right) + \Omega(f_t)$$

对于最小二乘回归情况，可以将其改写为以下形式：

$$\text{obj}^{(t)} = \sum_{i=1}^{n} \left(y_i - \left(\hat{y}_i^{t-1} + f_t(\boldsymbol{x}_i)\right)\right)^2 + \Omega(f_t)$$

将多项式展开，得到以下内容：

$$\text{obj}^{(t)} = \sum_{i=1}^{n} 2(y_i - \hat{y}_i^{t-1}) f_t(\boldsymbol{x}_i) + f_t(\boldsymbol{x}_i)^2 + \Omega(f_t) + C$$

这里，C 是一个与 t 无关的常数项。就多项式而言，这是一个以变量 $f_t(\boldsymbol{x}_i)$ 为二次

项的方程。回顾一下，目标是寻找最优的 $f_t(\boldsymbol{x}_i)$ 值，即最优的函数将根（样本）映射到叶节点（预测）。

任何足够平滑的函数，如二次多项式，都可以用泰勒多项式进行近似。XGBoost 使用牛顿方法和二次泰勒多项式来获得以下结果：

$$\text{obj}^{(t)} = \sum_{i=1}^{n} g_i f_t(\boldsymbol{x}_i) + \frac{1}{2} h_i f_t(\boldsymbol{x}_i)^2 + \Omega(f_t)$$

这里，g_i 和 h_i 可以表示为以下的偏导数：

$$g_i = \partial_{\hat{y}_i^{t-1}} l(y_i, \hat{y}_i^{t-1})$$

$$h_i = \partial_{\hat{y}_i^{t-1}}^2 l\left(y_i, \hat{y}_i^{t-1}\right)$$

如果要了解 XGBoost 如何使用泰勒展开的一般讨论，请搜索 StackExchange 论坛里的相关帖子。

XGBoost 通过采用仅使用 g_i 和 h_i 作为输入的求解器来实现此学习目标函数。由于损失函数是通用的，因此相同的输入可用于回归和分类。

这样就得到了正则化函数 $\Omega(f_t)$。

2. 正则化函数

如果将 $\boldsymbol{w}$ 指定为叶子的向量空间，那么将树节点映射到叶节点的函数 f 可以重新按照 $\boldsymbol{w}$ 来表述，如下所示：

$$f_t(x) = w_{q(x)}, \boldsymbol{w} \in R^T, q: R^d \to \{1, 2, \cdots, T\}$$

这里，q 是将数据点分配给叶节点的函数，T 是叶节点的数量。

经过实践和实验，XGBoost 确定以下作为正则化函数，其中 γ 和 λ 是减少过度拟合的惩罚常数：

$$\Omega(f) = \gamma T + \frac{1}{2} \lambda \sum_{j=1}^{T} w_j^2$$

3. 目标函数

将损失函数与正则化函数结合起来，学习的目标函数变成如下形式：

$$\text{obj}^{(t)} = \sum_{i=1}^{n} g_i w_{q(x_i)} + \frac{1}{2} h_i w_{q(x_i)}^2 + \gamma T + \frac{1}{2} \lambda \sum_{j=1}^{T} w_j^2$$

定义被分配到第 j 个叶节点的数据点的索引集合，如下所示：

$$I_j = \{i \mid q(x_i) = j\}$$

目标函数可以写成如下形式：

$$\mathrm{obj}^{(t)} = \sum_{i \in I_j} g_i w_j + \frac{1}{2} \sum_{i \in I_j} h_i w_j^2 + \gamma T + \frac{1}{2} \lambda \sum_{j=1}^{T} w_j^2$$

最终，设置 $G_j = \sum_{i \in I_j} g_i$ 和 $H_j = \sum_{i \in I_j} h_i$，重新排列索引并合并相似项之后，得到目标函数的最终形式，如下所示：

$$\mathrm{obj}^{(t)} = \sum_{j=1}^{T} \left[G_j w_j + \frac{1}{2} (H_j + \lambda) w_j^2 + \gamma T \right]$$

通过对 w_j 进行求导并将左边置零来使目标函数最小化，得到以下结果：

$$w_j = -\frac{G_j}{H_j + \lambda}$$

代入回目标函数中，得到如下结果：

$$\mathrm{obj}^{(t)} = -\frac{1}{2} \sum_{j=1}^{T} \frac{G_j^2}{H_j + \lambda} + \gamma T$$

这是 XGBoost 用来确定模型与数据的拟合程度的结果。

5.3　构建 XGBoost 模型

前两节介绍了 XGBoost 的内部工作原理，包括参数推导、正则化、速度优化以及一些新功能（例如使用 missing 参数以补偿空值）。

本书主要使用 scikit-learn 构建 XGBoost 模型。scikit-learn 的 XGBoost 包装器发布于 2019 年。在完全使用 scikit-learn 之前，构建 XGBoost 模型需要更陡峭的学习曲线，例如将 NumPy 数组转换为 dmatrices 就是利用 XGBoost 框架的必要步骤。

然而，在 scikit-learn 中，这些转换都是在后台进行的。在 scikit-learn 中构建 XGBoost 模型与构建其他机器学习模型非常相似。除了必要的工具，如 train_test_split、cross_val_score、GridSearchCV 和 RandomizedSearchCV 之外，所有标准的 scikit-learn 函数都是可用的，如 .fit() 和 .predict()。

本节将开发用于构建 XGBoost 模型的模板。这些模板可以作为构建 XGBoost 分类器和回归器的起点。

接下来将为两个经典数据集构建模板，它们分别是用于分类的鸢尾花数据集和用于回归的糖尿病数据集。这两个数据集都很小，内置在 scikit-learn 中，在整个机器学习社区中，它们经常被用于测试。作为模型构建过程的一部分，本书将显式地定义默认的超参数，这些参数会给 XGBoost 带来很高的评分。通过明确的定义，读者就可很方便地了解这些超参数，并为未来对它们的调整做好准备。

5.3.1　鸢尾花数据集

鸢尾花数据集是机器学习社区的重要组成部分之一，由统计学家 Robert Fischer 于 1936 年推出。它的特点在于易于获取、体积小、数据清洁度高、值对称性强，是测试分类算法的热门选择。

使用 datasets 库中的 load_iris() 函数直接从 scikit-learn 下载鸢尾花数据集并加载，步骤如下：

```
import pandas as pd
import numpy as np
from sklearn import datasets
iris = datasets.load_iris()
```

scikit-learn 数据集存储为 NumPy 数组，这是机器学习算法的首选数组存储方法。pandas 的 DataFrame 更多地用于数据分析和数据可视化。将 NumPy 数组视为 DataFrame 需要使用 pandas 的 DataFrame 函数进行操作。这个 scikit-learn 数据集事先被划分成了预测列和目标列。将它们合并在一起需要在转换前使用代码 np.c_ 来连接 NumPy 数组，同时添加列名称。代码如下：

```
df = pd.DataFrame(data= np.c_[iris['data'], iris['target']],
columns= iris['feature_names'] + ['target'])
```

您可以使用 df.head() 查看数据集：

```
df.head()
```

鸢尾花数据集显示如图 5.1 所示。

	sepal length (cm)	sepal width (cm)	petal length (cm)	petal width (cm)	target
0	5.1	3.5	1.4	0.2	0.0
1	4.9	3.0	1.4	0.2	0.0
2	4.7	3.2	1.3	0.2	0.0
3	4.6	3.1	1.5	0.2	0.0
4	5.0	3.6	1.4	0.2	0.0

图 5.1　鸢尾花数据集

预测列当然是 target，已知量是萼片（sepal）和花瓣（petal）的长度和宽度。根据 scikit-learn 文档，目标列由三种不同的鸢尾花组成：setosa、versicolor 和 virginica。目标列有 150 行。

要为机器学习准备数据，首先导入 train_test_split，然后相应地拆分数据。使用原始的 NumPy 数组 iris['data'] 和 iris['target'] 作为 train_test_split 的输入：

```
from sklearn.model_selection import train_test_split
X_train, X_test, y_train, y_test = train_test_split(iris['data'],
iris['target'], random_state=2)
```

拆分完数据，接下来构建分类模板。

XGBoost 分类模板

以下模板用于构建 XGBoost 分类器，假设数据集已拆分为 X_train、X_test、y_train 和 y_test。

（1）从 xgboost 库中导入 XGBClassifier：

```
from xgboost import XGBClassifier
```

（2）根据需要导入分类评分方法。尽管 accuracy_score 是标准的评估指标，但其他评估方法，如 auc（曲线下面积），也将在后面讨论。

```
from sklearn.metrics import accuracy_score
```

（3）用超参数初始化 XGBoost 分类器。微调超参数是第 6 章的重点。本章用到的最重要的默认超参数会先明确说明，代码如下：

```
xgb = XGBClassifier(booster='gbtree',
objective='multi:softprob', max_depth=6,
learning_rate=0.1, n_estimators=100, random_state=2, n_jobs=-1)
```

上述超参数的简要说明如下：

● booster='gbtree'：booster 是指 XGBoost 中的基学习器。这是在每一轮提升期间构建的机器学习模型。"gbtree" 代表梯度提升树，是 XGBoost 的默认基学习器。与其他基学习器合作虽不常见，但却是有可能的，第 8 章中就采用了这种策略。

● objective='multi:softprob'：该超参数的标准选项可以参考 XGBoost 官方文档的 Learning Task Parameters 目录。当数据集包含多个类时，multi:softprob 是 binary:logistic 的标准备选方案。它会计算分类的概率

并选择最高的一个。如果没有明确说明，XGBoost 通常会自动选择合适的目标。

- max_depth=6：树的 max_depth 决定了树的分支数。这是进行平衡预测时最重要的超参数之一。XGBoost 使用默认的 6，这不像随机森林，除非明确编程，否则随机森林不会规定数值。
- learning_rate=0.1：在 XGBoost 中，这个超参数通常被称为 eta。该超参数通过将每棵树的权重降低到给定的百分比来限制方差。有关 learning_rate 超参数的详情，可参阅第 4 章。
- n_estimators=100：在集成方法中很流行，n_estimators 是模型中提升树的数量。在降低 learning_rate 的同时增加该数值，可以产生更稳健的结果。

（4）使分类器拟合数据。整个 XGBoost 系统、前两节中探讨的细节、最佳参数的选择（包括正则化约束）和速度提升（如近似分割查找算法）以及分块和分片都发生在这一行强大的 scikit-learn 代码中，代码如下：

```
xgb.fit(X_train, y_train)
```

（5）将 y 值预测为 y_pred，代码如下：

```
y_pred = xgb.predict(X_test)
```

（6）通过比较 y_pred 和 y_test 对模型进行评分，代码如下：

```
score = accuracy_score(y_pred, y_test)
```

（7）显示结果如下：

```
print('Score:' + str(score))
Score: 0.9736842105263158
```

因为测试实例太多了，无法在一个地方编译，所以没有鸢尾花数据集评分的官方列表。上述实例使用默认超参数在鸢尾花数据集上获得了 97.4% 的初始评分，这非常好。

5.3.2　糖尿病数据集

本节使用 scikit-learn 的糖尿病数据集作为测试集，并提供了一个使用 cross_val_score 的 XGBoost 回归器模板。

在构建模板之前，将预测列作为 X 导入，将目标列作为 y 导入，如下所示：

```
X,y = datasets.load_diabetes(return_X_y=True)
```

接下来开始构建模板。

XGBoost 回归器模板（交叉验证）

下面是使用交叉验证在 scikit-learn 中构建 XGBoost 回归模型的基本步骤，假设已经定义了预测列 X 和目标列 y：

（1）导入 XGBRegressor 和 cross_val_score，代码如下：

```
from sklearn.model_selection import cross_val_score
from xgboost import XGBRegressor
```

（2）初始化 XGBRegressor。用 objective='reg:squarederror' 初始化 XGBRegressor，即均方误差。同时明确给出了最重要的超参数默认值，代码如下：

```
xgb = XGBRegressor(booster='gbtree',
objective='reg:squarederror', max_depth=6,
learning_rate=0.1, n_estimators=100, random_state=2,
n_jobs=-1)
```

（3）使用 cross_val_score 拟合和评估回归器模型。使用模型、预测器列、目标列和评分作为输入，一步完成拟合和评分，代码如下：

```
scores = cross_val_score(xgb, X, y, scoring='neg_mean_squared_
error', cv=5)
```

（4）显示结果。为保持单位一致，回归模型的评分通常以均方根误差的形式显示，代码如下：

```
rmse = np.sqrt(-scores)
print('RMSE:', np.round(rmse, 3))
print('RMSE mean: %0.3f' % (rmse.mean()))
```

结果如下：

```
RMSE: [63.033 59.689 64.538 63.699 64.661]
RMSE mean: 63.124
```

如果没有比较的基准，就无法知道评分的意义。使用 .describe() 函数可以将目标列 y 转换为 pandas DataFrame 并给出预测列的四分位数和一般统计信息，如下所示：

```
pd.DataFrame(y).describe()
```

上述代码输出了描述糖尿病目标列 y 的统计数据，如图 5.2 所示。

	0
count	442.000000
mean	152.133484
std	77.093005
min	25.000000
25%	87.000000
50%	140.500000
75%	211.500000
max	346.000000

图 5.2　描述糖尿病目标列 y 的统计数据

上述结果评分为 63.124，低于 1 个标准差，是一个不错的结果。

现在，完成了可用于构建未来模型的 XGBoost 分类器和回归器模板，并介绍了在 scikit-learn 中建立 XGBoost 模型的方法步骤，下面就来聊聊高能物理。

5.4　案例：寻找希格斯玻色子

本节将回顾诞生出 XGBoost 的 Kaggle 上举办的希格斯玻色子机器学习挑战赛，该竞赛在机器学习领域引起了广泛关注。在进入模型开发之前先介绍历史背景。本节构建的模型包括当时竞赛期间由 XGBoost 提供的默认模型，并且还参考了 Gabor Melis 提供的获胜解决方案。接下来的代码不需要 Kaggle 账户，不会展示如何提交结果，但是也提供了一些参赛指南。

5.4.1　物理学背景

希格斯玻色子是由彼得·希格斯在 1964 年提出的理论所引入的一种粒子，用来解释为什么粒子具有质量。2012 年，欧洲核子研究组织（CERN）的大型强子对撞机发现了希格斯玻色子。随后，相关科学家获得了诺贝尔物理学奖，物理学的标准模型由于解释了除重力外已知的所有力，其地位比以往任何时候都更高。希格斯玻色子是通过将质子以极高速度相撞并观察结果来发现的。根据竞赛技术文献《探索：希格斯玻色子机器学习挑战》所述，观测结果来自 ATLAS 探测器，该探测器每秒记录数亿次质子与质子碰撞所产生的数据。发现希格斯玻色子后，下一步就是精确测量其衰变特征。ATLAS 实验从被背景噪声包裹的数据中发现，希格斯玻色子衰变为两个陶子。

5.4.2　Kaggle 竞赛

Kaggle 竞赛是一项旨在解决特定问题的机器学习竞赛。机器学习竞赛发端于 2006 年。当时，Netflix 悬赏一百万美元，奖励那些能够将其电影推荐准确度提升 10% 以上的人，由此机器学习竞赛逐渐兴盛。2009 年，BellKor 的 Pragmatic Chaos 团队获得了这百万美元奖金。

许多企业、计算机科学家、数学家和学生开始意识到机器学习在社会中的价值越来越大。机器学习竞赛如火如荼地展开，公司主办方和机器学习从业者互惠互利。从 2010 年开始，许多早期机器学习从业者开始到 Kaggle 尝试参加机器学习比赛。

2014 年，Kaggle 宣布了与 ATLAS 合作的希格斯玻色子机器学习挑战赛。共有 1875 支队伍参加了比赛，奖金池为 13 000 美元。

在 Kaggle 竞赛中，提供训练数据和必要的评分方法。团队需要在提交结果之前对训练数据构建机器学习模型。测试数据中未提供目标列，但允许多次提交，评分会返回给竞争者，以便他们在最后期限之前改进模型。

Kaggle 竞赛是测试机器学习算法的沃土。与行业不同的是，Kaggle 竞赛的参与者成千上万，这使得获奖的模型都经过了非常完善的测试。

5.4.3　XGBoost 和希格斯玻色子挑战赛

XGBoost 于 2014 年 3 月 27 日向公众发布，比希格斯玻色子挑战赛早了 6 个月。在比赛中，XGBoost 表现出色，帮助参赛者在 Kaggle 排行榜上不断攀升，同时节省了宝贵的时间。下面，就通过数据来了解一下当时的情况。

5.4.4　数据

本节内容不使用 Kaggle 提供的数据，而是采用来自 CERN 开放数据门户网站所提供的原始数据。CERN 数据和 Kaggle 数据的区别在于，CERN 的数据集要大得多。本节将选择前 25 万行，并做一些修改以匹配 Kaggle 的数据。

可以直接从 github 下载 CERN 希格斯玻色子数据集。

将 atlas-higgs-challenge-2014-v2.csv.gz 文件读取到 pandas 的 DataFrame 中。注意，本节只选择前 25 万行，由于数据集被压缩成 csv.gz 文件，所以使用 compression=gzip 参数。访问数据后，按如下方式查看数据集：

```
df = pd.read_csv('atlas-higgs-challenge-2014-v2.csv.gz', nrows=250000,
compression='gzip')
df.head()
```

输出包括 Kaggle 列的 CERN 希格斯玻色子数据，最右边一列应该如图 5.3 所示。

PRI_jet_leading_phi	PRI_jet_subleading_pt	PRI_jet_subleading_eta	PRI_jet_subleading_phi	PRI_jet_all_pt	Weight	Label	KaggleSet	KaggleWeight
0.444	46.062	1.24	-2.475	113.497	0.000814	s	t	0.002653
1.158	-999.000	-999.00	-999.000	46.226	0.681042	b	t	2.233584
-2.028	-999.000	-999.00	-999.000	44.251	0.715742	b	t	2.347389
-999.000	-999.000	-999.00	-999.000	-0.000	1.660654	b	t	5.446378
-999.000	-999.000	-999.00	-999.000	0.000	1.904263	b	t	6.245333

图 5.3　包括 Kaggle 列的 CERN 希格斯玻色子数据

注意 KaggleSet 和 KaggleWeight 列。由于 Kaggle 数据集较小，Kaggle 对权重列使用了不同的数字，在上图中表示为 KaggleWeight。KaggleSet 下的 t 值表示它是 Kaggle 数据集训练集的一部分。换句话说，KaggleSet 和 KaggleWeight 这两列是 CERN 数据集中的列，旨在包含将用于 Kaggle 数据集的信息。本章将把 CERN 数据的子集限制在 Kaggle 训练集中。

为了匹配 Kaggle 的训练数据，将删除 KaggleSet 和 KaggleWeight 列，将 KaggleWeight 转换为 'Weight'，并将 'Label' 列移动到最后一列，如下所示：

```
del df[<Weight>]
del df[<KaggleSet>]
df = df.rename(columns={«KaggleWeight»: «Weight»})
```

移动 'Label' 列的一种方法是将其作为一个变量存储，删除该列，并通过将其赋值给新的变量来添加一个新的列。每当将新列分配给 DataFrame 时，新列都会出现在末尾，代码如下：

```
label_col = df['Label']
del df['Label']
df['Label'] = label_col
```

现在，所有更改都已完成，CERN 数据与 Kaggle 数据匹配起来。继续查看数据集，代码如下：

```
df.head()
```

CERN 数据与 Kaggle 数据匹配后的输出如图 5.4 所示。

	EventId	DER_mass_MMC	DER_mass_transverse_met_lep	DER_mass_vis	DER_pt_h	DER_deltaeta_jet_jet	DER_mass_jet_jet	DER_prodeta_jet_jet	DER_deltar...
0	100000	138.470	51.655	97.827	27.980	0.91	124.711	2.666	
1	100001	160.937	68.768	103.235	48.146	-999.00	-999.000	-999.000	
2	100002	-999.000	162.172	125.953	35.635	-999.00	-999.000	-999.000	
3	100003	143.905	81.417	80.943	0.414	-999.00	-999.000	-999.000	
4	100004	175.864	16.915	134.805	16.405	-999.00	-999.000	-999.000	

5 rows × 33 columns

图 5.4　CERN 希格斯玻色子数据

图 5.4 中许多列都没有显示，而且有一个不寻常的值 -999.00 出现在多个地方。

在 EventId 之外的列包括以 PRI 为前缀的变量，PRI 代表基元，是探测器在质子碰撞期间直接测量的数值。相比之下，标有 DER 标签的列是从这些测量中的数值导出的。

下列代码用 df.info() 显示所有列名和类型：

```
df.info()
```

这是输出样本，为了节省空间，中间列被截断：

```
<class 'pandas.core.frame.DataFrame'>
RangeIndex: 250000 entries, 0 to 249999
Data columns (total 33 columns):
 #   Column                        Non-Null Count    Dtype

---  ------                        ---------------   -----
 0   EventId                       250000 non-null   int64
 1   DER_mass_MMC                  250000 non-null   float64
 2   DER_mass_transverse_met_lep   250000 non-null   float64
 3   DER_mass_vis                  250000 non-null   float64
 4   DER_pt_h                      250000 non-null   float64
 :
 28  PRI_jet_subleading_eta        250000 non-null   float64
 29  PRI_jet_subleading_phi        250000 non-null   float64
 30  PRI_jet_all_pt                250000 non-null   float64
 31  Weight                        250000 non-null   float64
 32  Label                         250000 non-null   object
dtypes: float64(30), int64(3)
memory usage: 62.9 MB
```

所有列都有非空值，只有最后一列 Label 是非数值的。这些列可分为以下组。

● 第 0 列：EventId。与机器学习模型无关。

● 第 1～30 列：源自大型强子对撞机碰撞的物理列。这些列的细节可以在技术文件的链接中找到，这些是机器学习的预测列。

- 第 31 列：Weight。此列用于缩放数据。由于希格斯玻色子事件非常罕见，因此具有 99.9% 准确度的机器学习模型可能无法找到它们。权重可以弥补这种不平衡，但测试数据中没有可用的权重。本章稍后将讨论处理权重的策略，并在第 7 章中进行讨论。
- 第 32 列：Label。这是目标列，标记 s 代表信号，b 代表背景。训练数据是从真实数据模拟生成的，因此包含了比通常更多的信号。该信号表明希格斯玻色子发生衰变。

数据的唯一问题是目标列 'Label' 不是数值化的。通过将 s 值替换为 1 并将 b 值替换为 0，将 'Label' 列转换为数值列，如下所示：

```
df['Label'].replace(('s', 'b'), (1, 0), inplace=True)
```

现在所有的列都是非空值的数值列，因此可以把数据分成预测列和目标列。回顾一下，预测列的索引是 1 ~ 30，目标列是最后一列，索引是 32（或 -1）。注意不应包括 'weight' 列，因为这在测试数据中不可用：

```
X = df.iloc[:,1:31]
y = df.iloc[:,-1]
```

5.4.5　评分

希格斯玻色子挑战赛不是一般的 Kaggle 比赛。除了难以理解特征工程的高能物理学知识之外，评分方法也不标准。希格斯玻色子的挑战需要优化近似中值显著性（AMS）。

AMS 定义如下：

$$\sqrt{2\left((s+b+b_{\text{reg}})\ln\left(1+\dfrac{s}{b+b_{\text{reg}}}-s\right)\right)}$$

这里，s 是真正样本率，b 是假样本率，b_{reg} 是给定为 10 的常量正则化项。

幸运的是，XGBoost 为比赛提供了 AMS 评分方法，因此无需正式定义。高 AMS 值源于许多真正样本和少数假负样本。AMS 相比其他评分方法的合理性在技术文档中给出。

> **技巧**
>
> 可以构建自己的评分方法，但通常不需要。在极少数情况下，需要构建自己的评分方法，可以查看 scikit-learn 官网以了解更多信息。

5.4.6 权重

在为希格斯玻色子构建机器学习模型之前，了解和利用权重很重要。在机器学习中，权重可用于提高不平衡数据集的准确性。考虑希格斯玻色子挑战中的 s（信号）列和 b（背景）列。实际上，s<<b，因此信号在背景噪声中非常稀少。假设信号比背景噪声少 1000 倍，则可以创建一个权重列，其中 b=1 且 s=1/1000，以补偿这种不平衡。

根据竞赛的技术文档可知，权重列是一个比例因子，相加后就可以得出 2012 年数据采集期间的预期信号和背景事件的数量。这意味着需要权重来使预测更贴近现实，否则该模型将预测太多的 s（信号）事件。

因为测试数据提供了测试集生成的预期信号和背景事件数，有 550 000 行，是训练数据 len(y) 提供的 250 000 行的两倍多。所以先将权重按比例进行缩放，以匹配测试数据。这可通过将权重列乘以增长百分比来实现，如下所示：

```
df['test_Weight'] = df['Weight'] * 550000 / len(y)
```

XGBoost 提供了一个考虑了比例因子的超参数 scale_pos_weight。比例因子是背景噪声的权重之和除以信号的权重之和。比例因子可以使用 pandas 条件符号来计算，如下所示：

```
s = np.sum(df[df['Label']==1]['test_Weight'])
b = np.sum(df[df['Label']==0]['test_Weight'])
```

在前面的代码中，df[df['Label']==1] 将 DataFrame 缩小到 Label 列等于 1 的行，然后 np.sum 使用 test_Weight 列添加这些行的值。

最后，要想查看实际速率，可用 b 除 s：

```
b/s
593.9401931492318
```

总之，权重表示数据生成的信号和背景事件的预期数量。缩放权重以匹配测试数据的大小，将背景权重之和除以信号权重之和以建立超参数 scale_pos_weight=b/s。

技巧

有关权重的更详细讨论，查看 KDnuggets 的精彩介绍。

5.4.7　模型

接下来建立 XGBoost 模型来预测信号，即模拟希格斯玻色子衰变的发生。在当时的竞赛中，XGBoost 刚刚诞生，还没有 scikit-learn 包装器。即使到了 2020 年，大多数关于在 Python 中实现 XGBoost 的在线信息都是 scikit-learn 之前的消息。读者可能会遇到 scikit-learn 之前的 XGBoost Python API，而这是当时所有参赛者在希格斯玻色子挑战赛中使用过的，因此本章提供原始的 Python API 代码。以下就是创建希格斯玻色子挑战赛的 XGBoost 模型的步骤。

（1）将 xgboost 导入为 xgb，代码如下：

```
import xgboost as xgb
```

（2）将 XGBoost 模型初始化为填充了缺失值和权重的 DMatrix。

所有的 XGBoost 模型在 scikit-learn 之前都被初始化为一个 DMatrix。scikit-learn 包装器会自动将数据转换为 DMatrix。XGBoost 针对速度优化的稀疏矩阵是 DMatrices。

根据文档，所有设置为 -999.0 的值都是未知值。在 XGBoost 中，可以将未知值设置为缺失的超参数，而不是将这些值转换为中位数、均值、众数或其他空值替换。在模型构建阶段，XGBoost 会自动选择最佳拆分的值。

（3）权重超参数可以等于权重部分中定义的新列 df['test_Weight']，代码如下：

```
xgb_clf = xgb.DMatrix(X, y, missing=-999.0,
weight=df['test_Weight'])
```

（4）设置额外的超参数。以下超参数是 XGBoost 为比赛提供的默认值：

- 初始化一个空字典，将其命名为 param：

```
param = {}
```

- 将目标定义为 'binary:logitraw'。这意味着从逻辑回归的概率中创建了一个二元模型。这个目标将模型定义为一个分类器，并允许对目标列进行排名，这也是这一特定的 Kaggle 竞赛的提交要求。代码如下：

```
param['objective'] = 'binary:logitraw'
```

● 使用背景权重除以信号权重来缩放正样本，这将有助于该模型在测试集
上有更好的表现。代码如下：

```
param['scale_pos_weight'] = b/s
```

● 将学习率 eta 定为 0.1：

```
param['eta'] = 0.1
```

● 将 max_depth 定为 6：

```
param['max_depth'] = 6
```

● 将评分方法设置为 'auc' 以供显示，代码如下：

```
param['eval_metric'] = 'auc'
```

尽管 AMS 评分将被打印，但评估指标是 auc，它代表曲线下面积。auc 是真
正样本率与假正样本率曲线，在等于 1 时表现最佳。类似于准确率，auc 是
分类的标准评分指标，在某些情况下它往往比准确率更好，因为准确率在不
平衡数据集上有限制，这将在第 7 章中予以讨论。

（5）创建一个参数列表，包括前面的项目，以及评价指标（auc）和 ams@0.15，
XGBoost 使用 15% 的阈值实现 AMS 评分，代码如下：

```
plst = list(param.items())+[('eval_metric', 'ams@0.15')]
```

（6）创建一个监视列表，其中包括已初始化的分类器和 'train'，以便在树继续增
强的同时查看评分，代码如下：

```
watchlist = [ (xg_clf, 'train') ]
```

（7）将提升轮数设置为 120，代码如下：

```
num_round = 120
```

（8）训练并保存模型。通过将参数列表、分类器、提升轮数和监视列表作为输入
来训练模型。使用 save_model 函数保存模型，这样就不必再次经历耗时的
训练过程。然后运行如下代码，在提升树的同时观察评分如何提高：

```
print ('loading data end, start to boost trees')
bst = xgb.train( plst, xgmat, num_round, watchlist )
bst.save_model('higgs.model')
print ('finish training')
```

上述代码的输出结果末尾应该显示如下：

```
[110]train-auc:0.94505     train-ams@0.15:5.84830
[111]train-auc:0.94507     train-ams@0.15:5.85186
[112]train-auc:0.94519     train-ams@0.15:5.84451
[113]train-auc:0.94523     train-ams@0.15:5.84007
[114]train-auc:0.94532     train-ams@0.15:5.85800
[115]train-auc:0.94536     train-ams@0.15:5.86228
[116]train-auc:0.94550     train-ams@0.15:5.91160
[117]train-auc:0.94554     train-ams@0.15:5.91842
[118]train-auc:0.94565     train-ams@0.15:5.93729
[119]train-auc:0.94580     train-ams@0.15:5.93562
finish training
```

至此已经构建完成了一个可以预测希格斯玻色子衰变的 XGBoost 分类器。

该模型的 auc 为 94.58%，AMS 为 5.9。就 AMS 而言，这场竞赛的最高评分是在前三名。该模型在测试数据集上提交后，实现了大约 3.6 的 AMS 值。

刚刚构建的模型是陈天奇在竞赛期间为 XGBoost 用户提供的基线模型。竞赛的获胜者 Gabor Melis 使用此基线模型来构建他的模型。从 melis 的 github 页面查看获胜的解决方案可以看出，他对该基线模型进行的修改并不明显。

Melis 和大多数竞争者一样，也进行了特征工程，在数据中增加了更多的相关列，这种做法将在第 9 章中讨论。

参与者可以在截止日期之后建立和训练自己的模型，并通过 Kaggle 提交。对于 Kaggle 竞赛，提交的作品必须进行排名和正确索引，并使用 Kaggle API 主题进行进一步解释。如果想要提交真正的比赛模型，可以去找 XGBoost 排名代码，这会有所帮助。

5.5　总结

本章介绍了 XGBoost 是如何通过缺失值、稀疏矩阵、并行计算、分片和数据块等方面的改进来提高梯度提升的准确性和速度。本章还讲解了 XGBoost 目标函数背后的数学推导，而该函数决定了梯度下降和正则化的参数。然后，用经典的 scikit-learn 数据集构建了 XGBClassifier 和 XGBRegressor 模板，并获得了非常好的评分。最终，我们还构建出了 XGBoost 提供的希格斯玻色子挑战赛的基线模型，该模型导致了那场竞赛的获胜解决方案，并使 XGBoost 开始成为众人关注的焦点。

第 6 章　XGBoost 超参数

XGBoost 有许多超参数。XGBoost 基学习器超参数将所有决策树超参数作为起点。由于 XGBoost 是梯度提升的增强版本，因此存在梯度提升超参数。XGBoost 独有的超参数设计旨在提高准确性和速度。然而，尝试一次处理所有 XGBoost 超参数，可能会令人眼花缭乱。

第 2 章回顾并应用了 max_depth 等基学习器超参数，而第 4 章应用了重要的 XGBoost 超参数，包括 n_estimators 和 learning_rate。本章将在 XGBoost 的背景下重新讨论这些超参数。

此外，本章还将介绍新的 XGBoost 超参数，如 gamma 和一种称为早期停止的技术。

为了熟练掌握微调 XGBoost 超参数的技能，本章主要内容如下：

（1）准备数据和基础模型；

（2）优化 XGBoost 超参数；

（3）应用提前停止；

（4）组合超参数。

6.1　准备数据和基础模型

在介绍和应用 XGBoost 超参数之前，先做以下准备工作：

（1）获取心脏病数据集。

（2）构建 XGBClassifier 模型。

（3）实现 StratifiedKFold。

（4）对一个 XGBoost 基线模型评分。

（5）将 GridSearchCV 与 RandomizedSearchCV 结合，形成一个强大的功能。

6.1.1　心脏病数据集

本章使用的数据集是在第 2 章中介绍的心脏病数据集。之所以选择相同的数据集，是为了最大限度地增加微调超参数的时间，并尽量减少数据分析的时间。步骤如下：

（1）转到 GitHub 中本章的源码处，将 heart_disease.csv 加载到 DataFrame 并显示数据集前 5 行。代码如下：

```
import pandas as pd
df = pd.read_csv('heart_disease.csv')
df.head()
```

上述代码打印结果如图 6.1 所示。

	age	sex	cp	trestbps	chol	fbs	restecg	thalach	exang	oldpeak	slope	ca	thal	target
0	63	1	3	145	233	1	0	150	0	2.3	0	0	1	1
1	37	1	2	130	250	0	1	187	0	3.5	0	0	2	1
2	41	0	1	130	204	0	0	172	0	1.4	2	0	2	1
3	56	1	1	120	236	0	1	178	0	0.8	2	0	2	1
4	57	0	0	120	354	0	1	163	1	0.6	2	0	2	1

图 6.1　心脏病数据集前 5 行

最后一列 'target' 是目标列，其中 1 表示患者患有心脏病，2 表示没有患病。有关其他列的详细信息，读者可以访问 UCI 机器学习存储库或参阅第 2 章内容。

（2）现在，检查 df.info() 以确保数据都是数值型且没有空值：

```
df.info()
```

输出如下：

```
<class 'pandas.core.frame.DataFrame'>
RangeIndex: 303 entries, 0 to 302
Data columns (total 14 columns):
 #    Column          Non-Null Count        Dtype
---    ------          --------------        -----
 0    age             303 non-null          int64
 1    sex             303 non-null          int64
 2    cp              303 non-null          int64
 3    trestbps        303 non-null          int64
 4    chol            303 non-null          int64
 5    fbs             303 non-null          int64
 6    restecg         303 non-null          int64
 7    thalach         303 non-null          int64
```

```
8     exang          303 non-null          int64
9     oldpeak        303 non-null          float64
10    slope          303 non-null          int64
11    ca             303 non-null          int64
12    thal           303 non-null          int64
13    target         303 non-null          int64
dtypes: float64(1), int64(13)
memory usage: 33.3 KB
```

由于所有数据点均为非空数值，表明该数据集已准备好进行机器学习。接下来开始建立分类器。

6.1.2　XGBClassifier

在调整超参数之前，先构建一个分类器，以便获得一个初始的基准评分。要构建 XGBoost 分类器，可以执行以下步骤。

（1）从各自的库中下载 XGBClassifier 和 accuracy_score，代码如下：

```
from xgboost import XGBClassifier
from sklearn.metrics import accuracy_score
```

（2）声明 X 为预测列，y 为目标列，其中最后一列为目标列：

```
X = df.iloc[:, :-1]
y = df.iloc[:, -1]
```

（3）使用 booster 和 objective 这两个超参数的默认值，同时设置 random_state=2 来初始化 XGBClassifier：

```
model = XGBClassifier(booster='gbtree',
 objective='binary:logistic', random_state=2)
```

基于梯度提升树的基学习器被称为 'gbtree' 提升器。在确定损失函数时，'binary:logistic' 目标是二元分类中的标准。虽然 XGBClassifier 默认包含这些值，但这里包含它们是为了在后续章节中对其加以修改而事先熟悉一下。

（4）要对基线模型进行评分，可以导入 cross_val_score 和 NumPy 以进行拟合、评分和显示结果：

```
from sklearn.model_selection import cross_val_score
import numpy as np
scores = cross_val_score(model, X, y, cv=5)
print('Accuracy:', np.round(scores, 2))
print('Accuracy mean: %0.2f' % (scores.mean()))
```

准确率评分如下：

```
Accuracy: [0.85 0.85 0.77 0.78 0.77]
Accuracy mean: 0.81
```

81% 的准确率评分是一个很好的初始分值，远高于第 2 章中决策树分类器所获得的 76% 交叉验证值。

这里使用了 cross_val_score，同时将使用 GridSearchCV 来调整超参数。接下来，使用 StratifiedKFold 函数以确保测试拆分相同。

6.1.3　StratifiedKFold

在微调超参数时，GridSearchCV 和 RandomizedSearchCV 是标准选项。第 2 章中的一个问题是，cross_val_score 和 GridSearchCV/RandomizedSearchCV 并不会以相同的方式拆分数据。

使用交叉验证时，可以使用 StratifiedKFold 作为一种解决方案。

分层拆分在每个拆分中包含相同百分比的目标值。如果一个数据集在目标列中包含 60% 的 1 和 40% 的 0，那么每个拆分的测试集就包含 60% 的 1 和 40% 的 0。当拆分是随机时，一个测试集可能以 70∶30 的比例进行分割，而另一个可能以 50∶50 的比例进行分割。

> **提示**
>
> 当使用 train_test_split 时，默认数据拆分使用 shuffle 和 stratify。可去 scikit-learn 官网处了解详情。

要使用 StratifiedKFold 函数，执行以下操作。

（1）从 sklearn.model_selection 导入 StratifiedKFold：

```
from sklearn.model_selection import StratifiedKFold
```

（2）选择 n_splits=5、shuffle=True 和 random_state=2 作为 StratifiedKFold 参数，将拆分数定义为 kfold。注意，random_state 提供了一致的索引排序，而

shuffle=True 允许行最初被打乱：

```
kfold = StratifiedKFold(n_splits=5, shuffle=True, random_
state=2)
```

kfold 变量现在可以在 cross_val_score、GridSearchCV 和 RandomizedSearchCV 中使用，以确保结果的一致性。

现在，回到使用 kfold 的 cross_val_score，以便一个合适的比较基准。

6.1.4 基线模型

在获得一致拆分的方法后，继续使用 cross_val_score 内部的 cv=kfold 来对官方基线模型进行评分，代码如下：

```
scores = cross_val_score(model, X, y, cv=kfold)
print('Accuracy:', np.round(scores, 2))
   print('Accuracy mean: %0.2f' % (scores.mean()))
```

准确率评分如下：

```
Accuracy: [0.72 0.82 0.75 0.8 0.82]
Accuracy mean: 0.78
```

上述结果显示评分已经下降，这是什么意思呢？

在练习过程中，不要过于追求获得最高的评分。本例中，在不同的拆分上训练了相同的 XGBoost 分类器模型，并获得了不同的评分，这表明在训练模型时保持测试拆分一致性的重要性，并且评分并不一定最重要。虽然在选择模型时，获得最佳评分是一种最优策略，但评分之间的差异表明该模型未必更好。在这种情况下，两个模型具有相同的超参数，评分的差异归因于不同的拆分。这里的重点是在使用 GridSearchCV 和 RandomizedSearchCV 微调超参数时使用相同的拆分来获得新的评分，以确保评分的相对公平。

6.1.5 结合 GridSearchCV 和 RandomizedSearchCV

GridSearchCV 在一个超参数网格中搜索所有可能的组合，以找到最佳结果。RandomizedSearchCV 默认会选择 10 个随机超参数组合。当超参数组合太多，无法详尽检查每个组合时，通常使用 RandomizedSearchCV 代替 GridSearchCV。

本节将把 GridSearchCV 和 RandomizedSearchCV 的两个单独函数合并为一个流程

化函数，并按照以下步骤进行。

（1）从 sklearn.model_selection 导入 GridSearchCV 和 RandomizedSearchCV。

```
from sklearn.model_selection import GridSearchCV, RandomizedSearchCV
```

（2）定义一个名为 grid_search 的函数，其输入为 params 字典和 random=False。

```
def grid_search(params, random=False):
```

（3）使用标准默认值初始化 XGBoost 分类器：

```
xgb = XGBClassifier(booster='gbtree',
objective='binary:logistic', random_state=2)
```

（4）如果 random=True，用 xgb 和 params 字典初始化 RandomizedSearchCV。设
置 n_iter=20 以允许使用 20 个随机组合而不是 10 个。如果 random=False，
则使用相同的输入初始化 GridSearchCV。确保设置 cv=kfold 以获得一致的
结果，代码如下：

```
if random:
    grid = RandomizedSearchCV(xgb, params, cv=kfold, n_
iter=20, n_jobs=-1)
else:
    grid = GridSearchCV(xgb, params, cv=kfold, n_jobs=-1)
```

（5）将 X 和 y 拟合到网格模型：

```
grid.fit(X, y)
```

（6）获取并打印 best_params_：

```
best_params = grid.best_params_
print("Best params:", best_params)
```

（7）获取并打印 best_score_：

```
best_score = grid.best_score_
print("Training score: {:.3f}".format(best_score))
```

接下来使用 grid_search 函数来微调所有超参数。

6.2　优化 XGBoost 超参数

有许多 XGBoost 超参数，其中一些已经在前面章节中介绍过。表 6.1 总结了关键

的 XGBoost 超参数，其中大部分将在本节介绍。

注意

　　这里介绍的 XGBoost 超参数并非详尽无遗，但却是全面的。有关超参数的完整信息，请阅读官方文档中的 **XGBoost Parameters** 页面。

表 6.1 是有关一些 XGBoost 超参数的详细解释和实例。

表 6.1　一些 XGBoost 超参数和实例

参数名	默认值	参数范围	作用	备注
Namen_estimators	100	[1, inf)	大数据情况下增大有助于提高模型得分	集成模型中的树的数量
learning_ratealias:eta	0.3	[0, inf)	减小有助于防止过拟合	在每一轮提升中缩小树的权重
max_depth	6	[0, inf)	减小有助于防止过拟合	树的深度。0 是一种损失引导的生长策略的选项
Gamma alias: min_split_loss	0	[0, inf)	增大有助于防止过拟合	树的深度。0 是一种损失引导的生长策略的选项
min_child_weight	1	[0, inf)	增大有助于防止过拟合	树的深度。0 是一种损失引导的生长策略的选项
subsample	1	(0,1]	减小有助于防止过拟合	限制每一轮提升的训练行的百分比
colsample_bytree	1	(0,1]	减小有助于防止过拟合	限制每一轮提升的训练行的百分比
colsample_bylevel	1	(0,1]	减小有助于防止过拟合	限制每一轮提升的训练行的百分比
colsample_bynode	1	(0,1]	减小有助于防止过拟合	
scale_pos_weight	1	(0, inf)	Sum(negatives)/Sum(positives) 平衡样本数据	用于不平衡数据集。参见第 5 章和第 7 章
max_delta_step	0	[0, inf)	增大有助于防止过拟合	用于不平衡数据集。参见第 5 章和第 7 章
lambda	1	[0, inf)	增大有助于防止过拟合	权重的 L2 正则化
alpha	0	[0, inf)	增大有助于防止过拟合	权重的 L1 正则化
missing	None	(-inf, inf)	寻找空值的最优替换值	将空值替换为类似 -999.0 的数值，然后设为 -999.0。参见第 5 章

现在已经介绍了 XGBoost 的一些关键超参数，接下来通过对其逐个调整来更好地
了解它们。

应用 XGBoost 超参数

对于本节介绍的 XGBoost 超参数，机器学习从业者经常会进行各种微调。在对每
个超参数进行简要解释后，将使用上一节所定义的 grid_search 函数测试标准变化。

1. n_estimators

n_estimators 指定了集成模型中树的数量。对于 XGBoost 而言，n_estimators 表示残差
训练的树的数量。

使用默认值 100 初始化 n_estimators 的网格搜索，然后将树的数量加倍到 800，
如下所示：

```
grid_search(params={'n_estimators':[100, 200, 400, 800]})
```

输出如下：

```
Best params: {'n_estimators': 100}
Best score: 0.78235
```

由于数据集很小，增加 n_estimators 并没有产生更好的结果。6.3 节将讨论一种寻
找理想 n_estimators 值的策略。

2. learning_rate

learning_rate 会在每一轮提升中缩小树的权重。通过降低 learning_rate，需要更多
的树才能产生更好的评分。降低 learning_rate 可以防止过拟合，因为向前推进的权重
较小。

尽管以前版本的 scikit-learn 使用 0.1，但这里使用默认值 0.3。以下是本节 grid_
search 函数中 learning_rateas 的起始范围：

```
grid_search(params={'learning_rate':[0.01, 0.05, 0.1, 0.2, 0.3, 0.4, 0.5]})
```

输出如下：

```
Best params: {'learning_rate': 0.05}
Best score: 0.79585
```

调整学习率后，结果略微提高。正如第 4 章所述，当 n_estimatorsgoes 上升时，
降低 learning_ratemay 可能是有利的。

3. max_depth

max_depth 确定树的深度，相当于分割轮次的数量。限制 max_depth 有助于防止过拟合，因为每棵树的生长都受到 max_depth 的限制。XGBoost 提供的 max_depth 默认值为 6，代码如下：

```
grid_search(params={'max_depth':[2, 3, 5, 6, 8]})
```

输出如下：

```
Best params: {'max_depth': 2}
Best score: 0.79902
```

如果将 ax_depth 从 6 改为 2，可以获得更好的评分。max_depth 较低，意味着方差已减少。

4. gamma

被称为拉格朗日乘子的 gamma 是一个阈值，节点在根据损失函数进行进一步分割之前必须超过该阈值。gamma 值没有上限。默认值是 0，超过 10 就被认为是非常高。增加 gamma 会产生更保守的模型，代码如下：

```
grid_search(params={'gamma':[0, 0.1, 0.5, 1, 2, 5]})
```

输出如下：

```
Best params: {'gamma': 0.5}
Best score: 0.79574
```

将 gamma 从 0 更改为 0.5 后，性能略有改善。

5. min_child_weight

min_child_weight 指节点拆分为子节点所需的最小权重和。如果权重和小于 min_child_weight 的值，则不再进行进一步的分割。通过增加 min_child_weight 的值，可以减少过拟合，代码如下：

```
grid_search(params={'min_child_weight':[1, 2, 3, 4, 5]})
```

输出如下：

```
Best params: {'min_child_weight': 5}
Best score: 0.81219
```

对 min_child_weight 稍作调整就能得到最好的结果。

6. subsample

subsample 超参数限制了每轮提升的训练实例（行）的百分比。将样本减少到 100% 以下会减少过拟合，代码如下：

```
grid_search(params={'subsample':[0.5, 0.7, 0.8, 0.9, 1]})
```

输出如下：

```
Best params: {'subsample': 0.8}
Best score: 0.79579
```

评分再次略微提高，表明存在少量过拟合。

7. colsample_bytree

与 subsample 类似，colsample_bytree 根据给定的百分比随机选择特定的列。colsample_bytree 对于限制列的影响和减少方差很有用。注意，colsample_bytree 将百分比作为输入，而不是列的数量：

```
grid_search(params={'colsample_bytree':[0.5, 0.7, 0.8, 0.9, 1]})
```

输出如下：

```
Best params: {'colsample_bytree': 0.7}
Best score: 0.79902
```

这里的收益是微不足道的。建议尝试使用 colsampe_bylevel 和 colsample_bynode。其中，colsampe_bylevel 会随机选择每个决策树深度的特征列，而 colsample_bynode 则会在评估每棵决策树分割时随机选择特征列。

超参数微调既是艺术，也是科学。与这两个领域一样，灵活处理才是关键。接下来，将介绍一种 n_estimators 的特定微调策略：提前停止。

6.3　应用提前停止

提前停止是一种限制迭代机器学习算法中训练轮数的常用方法。本节将通过 eval_set、eval_metric 和 early_stopping_rounds 来应用提前停止。

6.3.1　什么是提前停止？

提前停止限制了迭代式机器学习算法训练的轮次数量。提前停止并不是预先定义训练轮数，而是允许训练继续，直到连续 n 轮未能产生任何收益为止，其中 n 是由用户决定的数字。

在寻找 n_estimators 时，只选择 100 的倍数是没有意义的。有可能最优值为 737 而不是 700。手动找到如此精确的值可能会很累，尤其是当超参数调整可能需要后续更改时。

有了 XGBoost，在每一轮提升之后可以确定一个评分。虽然成绩会上下波动，但最终会趋于稳定或者向错误的方向发展。当所有随后的评分都不能提供任何收益时，就达到了最高评分。当进行了 10、20 或 100 轮训练后，评分没有得到进一步提高时就可以确定峰值。

在提前停止中，给模型足够的时间来失败是很重要的。如果模型停止得太早，比如说，在 5 轮没有改进之后，模型可能会错过它可以在以后发现更优值的一般模式。与经常使用提前停止的深度学习一样，梯度提升需要足够的时间来找到数据中的复杂模式。

对于 XGBoost 来说，early_stopping_rounds 是应用提前停止的关键参数。如果 early_stopping_rounds=10，模型将在连续十轮训练未能改善模型后停止训练。类似地，如果 early_stopping_rounds=100，则继续训练，直到连续 100 轮都无法改善模型。

6.3.2　eval_set 和 eval_metric

early_stopping_rounds 不是超参数，而是一种用于优化 n_estimators 超参数的策略。通常在选择超参数时，在所有提升轮完成后会给出测试评分。为了使用提前停止，需要在每一轮后有一个测试评分。

eval_metric 和 eval_set 可用作 .fit 的参数，为每一轮训练生成测试评分。 eval_metric 提供了评分方法，通常 'error' 用于分类，'rmse' 用于回归。 eval_set 提供要评估的测试，通常是 X_test 和 y_test。

以下六个步骤显示了默认 n_estimators=100 的每一轮训练的评估指标。

（1）将数据拆分为训练集和测试集，代码如下：

```
from sklearn.model_selection import train_test_split
X_train, X_test, y_train, y_test=train_test_split(X, y, random_
state=2）
```

（2）初始化模型，代码如下：

```
model = XGBClassifier(booster='gbtree',
objective='binary:logistic', random_state=2)
```

（3）声明 eval_set，代码如下：

```
eval_set = [(X_test, y_test)]
```

（4）声明 eval_metric，代码如下：

```
eval_metric='error'
```

（5）使用 eval_metric 和 eval_set 拟合模型，代码如下：

```
model.fit(X_train, y_train, eval_metric=eval_metric, eval_
set=eval_set)
```

（6）查看最终评分，代码如下：

```
y_pred = model.predict(X_test)
accuracy = accuracy_score(y_test, y_pred)
print("Accuracy: %.2f%%" % (accuracy * 100.0))
```

以下为截断的输出结果：

```
[0]  validation_0-error:0.15790
[1]  validation_0-error:0.10526
[2]  validation_0-error:0.11842
[3]  validation_0-error:0.13158
[4]  validation_0-error:0.11842
 ⋮
[96]     validation_0-error:0.17105
[97]     validation_0-error:0.17105
[98]     validation_0-error:0.17105
[99]     validation_0-error:0.17105
Accuracy: 82.89%
```

由于未使用交叉验证，上述在一个拆分下的结果不能说明模型就很好。其实当 n_estimators=100 时，StratifiedKFold 交叉验证的平均准确率为 78%。评分的差异来自测试集的差异。

6.3.3   early_stopping_rounds

early_stopping_round 是在拟合模型时包含在 eval_metric 和 eval_set 中的可选参数。
下面的代码会在先前的代码基础上添加 "early_stopping_rounds=10" 的功能：

```
model = XGBClassifier(booster='gbtree', objective='binary:logistic',
random_state=2)
eval_set = [(X_test, y_test)]
eval_metric='error'
model.fit(X_train, y_train, eval_metric="error", eval_set=eval_set,
early_stopping_rounds=10, verbose=True)
y_pred = model.predict(X_test)
accuracy = accuracy_score(y_test, y_pred)
print("Accuracy: %.2f%%" % (accuracy * 100.0))
```

输出如下：

```
[0] validation_0-error:0.15790
会一直训练到 validation_0-error 在 10 轮都没有改善
[1] validation_0-error:0.10526
[2] validation_0-error:0.11842
[3] validation_0-error:0.13158
[4] validation_0-error:0.11842
[5] validation_0-error:0.14474
[6] validation_0-error:0.14474
[7] validation_0-error:0.14474
[8] validation_0-error:0.14474
[9] validation_0-error:0.14474
[10]validation_0-error:0.14474
[11]validation_0-error:0.15790
在如下最小误差迭代处停止：
[1] validation_0-error:0.10526

Accuracy: 89.47%
```

结果可能会出人意料。提前停止显示 n_estimators=2 给出了最好的结果，这可能
与测试拆分有关。通过只给模型 10 轮来提高准确性，可能数据中的模式还没有被发现。
然而，数据集非常小，所以有可能两轮提升就能得到最好的结果。更彻底的方法是使
用更大的值，比如 n_estimators = 5000 和 early_stopping_rounds =100。通过设置 early_
stopping_rounds=100，可以保证达到 XGBoost 提供的默认的 100 棵提升树。

下列代码实现了最多 5000 棵树，并且在连续 100 轮未能找到任何改进后将停止：

```
model = XGBClassifier(random_state=2, n_estimators=5000)
eval_set = [(X_test, y_test)]
eval_metric="error"
model.fit(X_train, y_train, eval_metric=eval_metric, eval_set=eval_set,
early_stopping_rounds=100)
y_pred = model.predict(X_test)
accuracy = accuracy_score(y_test, y_pred)
print("Accuracy: %.2f%%" % (accuracy * 100.0))
```

以下为截断的输出结果：

```
[0] validation_0-error:0.15790
会一直训练到 validation_0-error 在 100 轮都没有改善
[1] validation_0-error:0.10526
[2] validation_0-error:0.11842
[3] validation_0-error:0.13158
[4] validation_0-error:0.11842
⋮
[98] validation_0-error:0.17105
[99] validation_0-error:0.17105
[100] validation_0-error:0.17105
[101] validation_0-error:0.17105
在如下最小误迭代处停止：
[1] validation_0-error:0.10526

Accuracy: 89.47%
```

经过 100 轮的提升，两棵树提供的评分仍然是最好的。

最后要注意的是，当不清楚最终目标时，提前停止对于大型数据集特别有用。

接下来，用提前停止的结果与之前调整的所有超参数加以配合来生成最佳模型。

6.4　组合超参数

现在，要将本章所有组件结合起来，以提升交叉验证所获得的 78% 的评分。超参数微调没有通用方法。一种方法是用 RandomizedSearchCV 输入所有超参数范围。更系统的方法则是逐一处理超参数，在后续迭代中使用最佳结果。所有方法都有其优缺点。无论采用何种策略，都必须尝试多种变化，并在数据出现时进行调整。

6.4.1　一次一个超参数

采用系统化的方法，逐个添加超参数，同时汇总结果。

1. n_estimators

尽管 n_estimators 值为 2 给出了最佳结果，但还是值得考虑在使用交叉验证的 grid_search 函数上尝试一定范围的值，代码如下：

```
grid_search(params={'n_estimators':[2,25,50,75,100]})
```

输出如下：

```
Best params: {'n_estimators': 50}
Best score: 0.78907
```

不出所料，n_estimators=50，介于之前的最佳值 2 和默认值 100 之间，取得了最佳结果。由于在提前停止中没有使用交叉验证，因此这里的结果是不同的。

2. max_depth

max_depth 超参数决定了每棵树的长度。下面是一个很好的范围：

```
 grid_search(params={'max_depth': [1, 2, 3, 4, 5, 6, 7, 8],
'n_estimators': [50]})
```

输出如下：

```
Best params: {'max_depth': 1, 'n_estimators': 50}
Best score: 0.83869
```

这是一个非常可观的结果。深度为 1 的树称为决策树桩。通过调整两个超参数，基线模型得到了 4 个百分点的提升。

保持最高值的方法的一个局限性是可能会错过更好的组合。也许 n_estimators=2 或 n_esimtators=100 与 max_depth 一起使用会有更好的结果：

```
grid_search(params={'max_depth':[1, 2, 3, 4, 6, 7, 8],
'n_estimators':[2, 50, 100]})
```

输出如下：

```
Best params: {'max_depth': 1, 'n_estimators': 50}
Best score: 0.83869
```

n_estimators=50 和 max_depth=1 仍然获得了最好的结果，所以将继续使用它们，稍后对提前停止进行分析。

3. learning_rate

由于 n_esimtators 相对较低，调整 learning_rate 可能会改善结果。以下是标准范围：

```
grid_search(params={'learning_rate':[0.01, 0.05, 0.1, 0.2, 0.3, 0.4, 0.5],
'max_depth':[1], 'n_estimators':[50]})
```

输出如下：

```
Best params: {'learning_rate': 0.3, 'max_depth': 1, 'n_estimators': 50}
Best score: 0.83869
```

这与之前获得的评分相同。注意，learning_rate 值为 0.3 是 XGBoost 提供的默认值。

4. min_child_weight

下面调整拆分为子节点所需的权重总和，查看是否会增加评分：

```
grid_search(params={'min_child_weight':[1, 2, 3, 4, 5],
'max_depth':[1], 'n_estimators':[50]})
```

输出如下：

```
Best params: {'max_depth': 1, 'min_child_weight': 1, 'n_estimators': 50}
Best score: 0.83869
```

在这种情况下，最好的评分是一样的。注意，1 是 min_child_weight 的默认值。

5. subsample

如果减少方差是有益的，subsample 可能通过限制样本的百分比而发挥作用。然而，在这种情况下，一开始只有 303 个样本，而且样本数量少，很难通过调整超参数来提高评分。代码如下：

```
grid_search(params={'subsample':[0.5,0.6,0.7,0.8,0.9,1], 'max_
depth':[1], 'n_estimators':[50]})
```

输出如下：

```
Best params: {'max_depth': 1, 'n_estimators': 50, 'subsample': 1}
Best score: 0.83869
```

仍然没有收获。接下来查看 n_esimtators=2 时的情况。

可以通过对目前使用的值进行全面的网格搜索来找出答案：

```
grid_search(params={'subsample':[0.5, 0.6, 0.7, 0.8, 0.9, 1],
'min_child_weight':[1, 2, 3, 4, 5],
'learning_rate':[0.1, 0.2, 0.3, 0.4, 0.5],
'max_depth':[1, 2, 3, 4, 5],
'n_estimators':[2]})
```

输出如下：

```
Best params: {'learning_rate': 0.5, 'max_depth': 2,
'min_child_weight': 4, 'n_estimators': 2, 'subsample': 0.9}
Best score: 0.81224
```

只有两棵决策树的分类器表现不佳，这并不奇怪。尽管初始评分较高，但迭代次数不足，这使得超参数不能进行显著的调整。

6.4.2 超参数调整

在进行超参数调整时，RandomizedSearchCV 由于输入范围广泛而很有用。

这是一系列结合了新输入和先前知识的超参数值。用 RandomizedSearchCV 限制范围可以增加找到最佳组合的概率。回想一下，若组合总数对网格搜索来说太耗时，则 RandomizedSearchCV 就很有用。

以下选项有 4500 种可能的组合：

```
grid_search (params={'subsample':[0.5, 0.6, 0.7, 0.8, 0.9, 1],
'min_child_weight':[1, 2, 3, 4, 5],
'learning_rate':[0.1, 0.2, 0.3, 0.4, 0.5],
'max_depth':[1, 2, 3, 4, 5, None],
'n_estimators':[2, 25, 50, 75, 100]},
random=True)
```

输出如下：

```
Best params: {'subsample': 0.6, 'n_estimators': 25,
'min_child_weight': 4, 'max_depth': 4, 'learning_rate': 0.5}
Best score: 0.82208
```

不同的数值都获得了良好的效果。接下来使用来自最佳评分的超参数向前推进。

1. Colsample

现在，依次尝试 colsample_bytree、colsample_bylevel 和 colsample_ bynode：

1）colsample_bytree

使用如下代码设置 colsample_bytree：

```
grid_search(params={'colsample_bytree':[0.5, 0.6, 0.7, 0.8, 0.9, 1],
'max_depth':[1], 'n_estimators':[50]})
```

输出如下：

```
Best params: {'colsample_bytree': 1, 'max_depth': 1, 'n_estimators': 50}
Best score: 0.83869
```

评分并没有提高。接下来，尝试 colsample_bylevel。

2）colsample_bylevel

使用以下代码设置 colsample_bylevel：

```
grid_search(params={'colsample_bylevel':[0.5, 0.6, 0.7, 0.8,
0.9, 1],'max_depth':[1], 'n_estimators':[50]})
```

输出如下：

```
Best params: {'colsample_bylevel': 1, 'max_depth': 1, 'n_estimators': 50}
Best score: 0.83869
```

仍然没有收获。

浅层数据集貌似达到了峰值。接下来一起调优所有的 colsample，而不是单独使用 colsample_bynode。

3）colsample_bynode

尝试以下代码：

```
grid_search(params={'colsample_bynode':[0.5, 0.6, 0.7, 0.8, 0.9, 1],
'colsample_bylevel':[0.5, 0.6, 0.7, 0.8, 0.9, 1],
'colsample_bytree':[0.5, 0.6, 0.7, 0.8, 0.9, 1],
'max_depth':[1], 'n_estimators':[50]})
```

输出如下：

```
Best params: {'colsample_bylevel': 0.9, 'colsample_bynode': 0.5,
'colsample_bytree': 0.8, 'max_depth': 1, 'n_estimators': 50}
Best score: 0.84852
```

经过共同努力，colsamples 取得了迄今为止的最高分，比原来的评分高出了 5 个百分点。

2. gamma

尝试微调的最后一个超参数是 gamma。这是一系列为减少过拟合而设计的 gamma 值，代码如下：

```
grid_search(params={'gamma':[0, 0.01, 0.05, 0.1, 0.5, 1, 2, 3],
'colsample_bylevel':[0.9],
'colsample_bytree':[0.8],
'colsample_bynode':[0.5],
'max_depth':[1],
'n_estimators':[50]})
```

输出如下：

```
Best params: {'colsample_bylevel': 0.9, 'colsample_bynode': 0.5,
   'colsample_bytree': 0.8, 'gamma': 0, 'max_depth': 1, 'n_estimators': 50}
Best score: 0.84852
```

gammare 保持默认值 0。

使用 XGBoost 算法获得的最佳评分比原始评分高了 5 个百分点以上，本节就先到此结束。

6.5　总结

本章通过使用 StratifiedKFold 建立基线 XGBoost 模型，为超参数微调做好了准备。然后，将 GridSearchCV 和 RandomizedSearchCV 结合起来形成一个强大的函数。本章还介绍了 XGBoost 关键超参数的标准定义、取值范围和应用，以及一种名为提前停止技术的新技术。通过综合所有的函数、超参数和技术，对心脏病数据集进行了微调，获得了比默认的 XGBoost 分类器高出 5 个百分点的出色表现。

XGBoost 超参数微调需要时间来掌握。微调超参数是区分机器学习领域中专家和新手的关键技能。XGBoost 超参数知识不仅是有用的，而且对于充分利用构建的机器学习模型而言至关重要。

第 7 章　用 XGBoost 发现系外行星

在本章中，读者将在 XGBClassifier 的指导下搜索恒星，尝试去发现其中的系外行星。

本章有两个目的。首先，很重要的一点是，通过使用 XGBoost 进行自上而下的研究来练习，因为对于所有实际目的而言，这通常就是使用 XGBoost 所要做的事情。虽然可能无法单独使用 XGBoost 来发现系外行星，但这里实施的策略，包括选择正确的评分指标和根据该评分指标精心调整超参数，却适用于任何实际使用 XGBoost 的情况。其次，本章实例之所以重要，是因为对于所有机器学习从业者而言，熟练地处理不平衡数据集是必不可少的，而这正是本章的关键内容。

本章将介绍使用混淆矩阵和分类报告的新技能、理解精准率与召回率的区别，对数据进行重新抽样以及应用 scale_pos_weight 等。要从 XGBClassifier 获得最佳结果，需要仔细分析不平衡的数据，并对手头的目标有明确的预期。在本章中，XGBClassifier 是一个从上到下研究的核心，它分析光数据以预测宇宙中的系外行星。

本章主要内容如下：

（1）寻找系外行星；

（2）分析混淆矩阵；

（3）重采样不平衡数据；

（4）调整和缩放 XGBClassifier。

7.1　寻找系外行星

本节将通过分析系外行星数据集来寻找系外行星。在试图通过绘制和观察光谱来探测行星之前，将介绍发现系外行星的历史背景。绘制时间序列图是一项有价值的机器学习技能，可用于深入了解任何时间序列数据集。最后，本节将使用机器学习进行初步预测，然后再揭示这种方法的一个明显缺点。

7.1.1　背景描述

自古以来，天文学家就一直从光中收集信息。随着望远镜的问世，天文学在 17 世纪迅速发展。通过望远镜和数学模型的结合，18 世纪的天文学家能够非常精确地预测太阳系中的行星位置和日食月食。

在 20 世纪，天文学研究采用更先进的技术和更复杂的数学方法。在适居带发现了围绕其他恒星旋转的行星，它们被称为系外行星。处于适居带，意味着系外行星的位置和大小与地球相当，因此是存在液态水和生命形态的候选行星。

这些系外行星并非通过望远镜直接观测发现的，而是科学家借助于定期在恒星光线中发生的变化推断得出的。根据定义，一颗能够周期性地围绕一颗恒星旋转，并且大到足以遮挡部分星光的天体就是行星。从星光中发现系外行星需要在较长的时间间隔内测量光的波动。由于光线的变化通常非常微小，因此很难确定系外行星是否真的存在。

接下来将使用 XGBoost 预测恒星是否有系外行星。

7.1.2　系外行星数据集

第 4 章预览了系外行星数据集，发现了 XGBoost 在大数据集上比同类集成方法更具时间优势。本章将更深入地了解这一数据集。

这个系外行星数据集来自 NASA 开普勒太空望远镜的第三个任务期，即 2016 年夏季。有关该数据源的信息可在 Kaggle 官网上找到。

在该数据集的所有恒星中，5050 颗没有系外行星，而 37 颗有系外行星。3000 多列和 5000 多行，相当于 150 多万个条目，再乘以 100 棵 XGBoost 树，那就是 1.5 亿多个数据点。为加快处理速度，本章从数据子集开始。在处理大数据集时，为了节省时间，从子集开始是一种常见的做法。pd.read_csv 包含一个 nrows 参数，用于限制行数。注意，nrows=n 表示选择数据集的前 n 行。根据数据结构的不同，可能需要编写额外的代码来确保子集能够代表整体。

导入 pandas，加载 nrows=400 的 exoplanets.csv，然后查看数据：

```
import pandas as pd
df=pd.read_csv('exoplanets.csv', nrows=400)
df.head()
```

上述代码输出应如图 7.1 所示。

	LABEL	FLUX.1	FLUX.2	FLUX.3	FLUX.4	FLUX.5	FLUX.6	FLUX.7	FLUX.8	FLUX.9	...	FLUX.3188	FLUX.3189	FLUX.3190	FLUX.3191	FLUX.3192
0	2	93.85	83.81	20.10	-26.98	-39.56	-124.71	-135.18	-96.27	-79.89	...	-78.07	-102.15	-102.15	25.13	48.57
1	2	-38.88	-33.83	-58.54	-40.09	-79.31	-72.81	-86.55	-85.33	-83.97	...	-3.28	-32.21	-32.21	-24.89	-4.86
2	2	532.64	535.92	513.73	496.92	456.45	466.00	464.50	486.39	436.56	...	-71.69	13.31	13.31	-29.89	-20.88
3	2	326.52	347.39	302.35	298.13	317.74	312.70	322.33	311.31	312.42	...	5.71	-3.73	-3.73	30.05	20.03
4	2	-1107.21	-1112.59	-1118.95	-1095.10	-1057.55	-1034.48	-998.34	-1022.71	-989.57	...	-594.37	-401.66	-401.66	-357.24	-443.76

5 rows × 3198 columns

图 7.1 系外行星数据集

DataFrame 下方列出的大列数（3198）是合理的。当寻找光线的周期性变化时，需要足够的数据点来找到周期性。太阳系内行星的公转周期从 88 天（水星）到 165 年（海王星）不等。如果要检测系外行星，则必须足够频繁地检查数据点，以免当行星在恒星前方运行时错过类似凌日情况的记录。

由于该数据集中只有 37 颗拥有系外行星的恒星，所以了解子集中包含多少颗拥有系外行星的恒星非常重要。.value_counts() 函数确定特定列中每个值的数量。由于对 'LABEL' 列感兴趣，因此可以使用以下代码找到拥有系外行星的恒星数量：

```
df['LABEL'].value_counts()
```

输出如下：

```
1    363
2     37
Name: LABEL, dtype: int64
```

所有拥有系外行星的恒星都包括在子集里。根据 .head() 函数的显示结果，这些拥有系外行星的恒星都在数据集的开头。

7.1.3 绘制数据图表

预期情况是，当一颗系外行星挡住恒星的光线时，光通量会降低。如果光通量下降周期性发生，则很可能是由系外行星造成的，因为根据定义，行星是围绕恒星运行的大型天体。

通过绘制图表来可视化数据的流程如下：

（1）导入 matplotlib、NumPy 和 seaborn，然后将 seaborn 设置为黑色网格，如下所示：

```
import matplotlib.pyplot as plt
import numpy as np
import seaborn as sns
sns.set()
```

在绘制光通量波动图时，'LABEL' 列并不重要，该列将是机器学习的目标列。

> **提示**
>
> 建议使用 seaborn 来改进 matplotlib 图形。sns.set() 默认提供了一种漂亮的浅灰色背景和白色网格。此外，许多标准图表，例如 plt.hist()，在使用 seaborn 默认值的情况下看起来更美观。

（2）将数据拆分为预测 X（将要绘制图表）和目标列 y。注意，对于系外行星数据集，目标列是第一列，而不是最后一列：

```
X = df.iloc[:,1:]
y = df.iloc[:,0]
```

（3）编写一个名为 light_plot 的函数，它将数据（行）的索引作为输入，将所有数据点绘制为 y 坐标（光通量），将观察次数作为 x 坐标。为图表使用适当的标签，如下所示：

```
def light_plot(index):
    y_vals = X.iloc[index]
    x_vals = np.arange(len(y_vals))
    plt.figure(figsize=(15,8))
    plt.xlabel('Number of Observations')
    plt.ylabel('Light Flux')
    plt.title('Light Plot' + str(index), size=15)
    plt.plot(x_vals, y_vals)
    plt.show()
```

（4）调用函数来绘制索引为 0 时的光通量变化。这颗恒星已被归类为拥有系外行星：

```
light_plot(0)
```

数据集中索引为 0 时的恒星的光通量变化如图 7.2 所示。

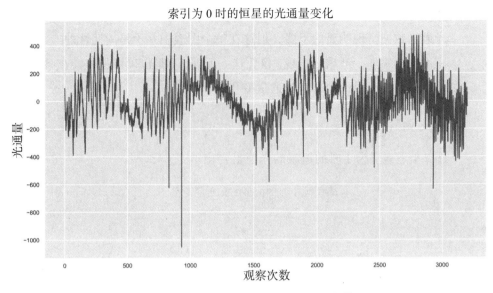

图 7.2　索引为 0 时的恒星的光通量变化

如图所示，数据呈现明显的周期性下降。然而，仅凭这张图并不能得出存在系外行星的结论。

（5）将图 7.2 与数据集中的索引 37 的数据点进行对比，索引 37 所代表的恒星是数据集中第一颗拥有非系外行星的恒星。

```
light_plot(37)
```

图 7.3 是数据集中索引为 37 时的恒星的光通量变化。

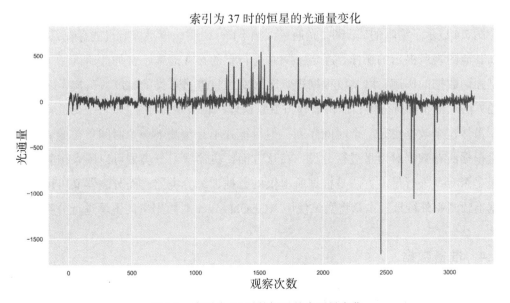

图 7.3　索引为 37 时的恒星的光通量变化

光通量的增减是存在的，但并非在整个范围内。

光通量数据呈现明显的下降，但这在整个图表中并不是周期性的。下降的频率不会始终如一地重复出现。仅凭这一证据，不足以确定是否存在系外行星。

（6）以下是系外行星的第二个光通量变化：

```
light_plot(1)
```

图 7.4 是索引为 1 时的恒星的光通量变化。

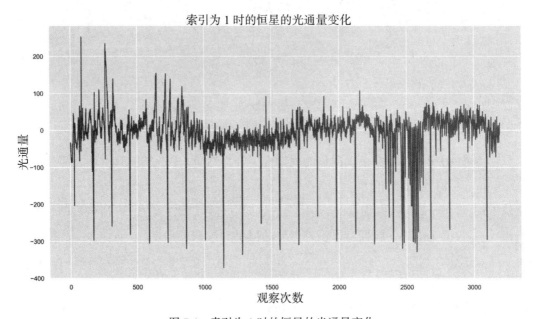

图 7.4　索引为 1 时的恒星的光通量变化

图 7.4 显示了清晰的周期性，光通量大幅下降，说明该恒星极有可能存在系外行星。正如其他图表所揭示的那样，断定一颗系外行星的存在通常不会如此明确。这里的目的是强调数据的作用，以及仅根据视觉图形对恒星进行分类的难度。天文学家使用不同的方法对恒星进行分类，而机器学习就是这样一种方法。

虽然这个数据集是一个时间序列，但目标并不是预测下一个时间单位的光通量，而是根据所有数据对恒星进行分类。在这方面，机器学习分类器可以用来预测给定的恒星是否有系外行星。方法是根据所提供的数据训练分类器，而分类器又可用于在新数据上预测系外行星。本章将尝试使用 XGBClassifier 对数据中的恒星进行分类。

7.1.4　准备数据

从上一节可知，并非所有图表都能清晰确定系外行星的存在，这就给了机器学习极大的发挥空间。以下开始为机器学习准备数据。

（1）确保数据集是数值型的，没有空值。使用 df.info() 函数检查数据类型和空值，
代码如下：

```
df.info()
```

以下是预期输出：

```
<class 'pandas.core.frame.DataFrame'>
RangeIndex: 400 entries, 0 to 399
Columns: 3198 entries, LABEL to FLUX.3197
dtypes: float64(3197), int64(1)
  memory usage: 9.8 MB
```

该子集包含 3197 个浮点数和 1 个整数，因此所有列都是数字。由于列的数
量很大，所以没有提供有关空值的信息。

（2）通过在 .null() 上使用两次 .sum() 函数，对所有空值进行求和，第一次是对
每一列的空值进行求和，第二次是对所有列进行求和，代码如下：

```
df.isnull().sum().sum()
```

预期的输出结果如下所示：

```
0
```

由于没有空值，而且数据是数值型的，可以开始机器学习了。

7.1.5　初始化 XGBClassifier

要开始构建初始 XGBClassifier，执行以下步骤。

（1）导入 XGBClassifier 和 accuracy_score，代码如下：

```
from xgboost import XGBClassifier
from sklearn.metrics import accuracy_score
```

（2）将模型拆分为训练集和测试集，代码如下：

```
from sklearn.model_selection import train_test_split
X_train,X_test, y_train, y_test = train_test_split(X, y,
random_state=2)
```

（3）使用 booster='gbtree'、objective='binary:logistic' 和 random _ state = 2 作为参数，构建模型并对其评分，代码如下：

```
model = XGBClassifier(booster='gbtree',
objective='binary:logistic', random_state=2)
model.fit(X_train, y_train)
y_pred = model.predict(X_test)
score = accuracy_score(y_pred, y_test) print('Score:' + str(score))
```

评分如下：

```
Score: 0.89
```

89% 的恒星得到正确分类，似乎不错，但存在一个明显的问题。想象一下，如果你把模型展示给你的天文学教授。假设这位教授在数据分析方面训练有素，他会回答道："虽然有 89% 的准确率，但系外行星占数据的 10%，所以你怎么知道这结果不比 100% 预测没有系外行星的模型更好？"这就是问题所在。如果模型确定恒星都不包含系外行星，其准确性将约为 90%，因为 10 颗恒星中有 9 颗不包含系外行星。在不平衡的数据下，仅有准确性是不够的。

7.2　分析混淆矩阵

混淆矩阵是一种总结分类模型的正确与错误预测的表格，它非常适用于分析不平衡数据，因为它提供了有关预测正误的更多信息。

对于系外行星子集，以下是完美混淆矩阵的预期输出：

```
array([[88, 0],
     [ 0,12]])
```

当所有正条目都在左对角线上时，模型具有 100% 的准确率。这里的完美混淆矩阵预测了 88 颗非系外行星恒星和 12 颗系外行星恒星。注意，混淆矩阵不提供标签，但在这种情况下，可以根据大小推断标签。

在进一步详细说明之前，先使用 scikit-learn 介绍实际的混淆矩阵。

7.2.1　confusion_matrix

从 sklearn.metrics 导入 confusion_matrix 如下：

```
from sklearn.metrics import confusion_matrix
```

使用 y_test 和 y_pred 作为输入运行 confusion_matrix，确保将 y_test 放在首位：

```
confusion_matrix(y_test, y_pred)
```

输出如下：

```
array([[86,2],
       [9,3]])
```

混淆矩阵对角线上的数字揭示了 86 个正确的非系外行星恒星预测和只有 3 个正确的系外行星恒星预测。在矩阵的右上角，数字 2 意味着两颗非系外行星恒星被错误地归类为系外行星恒星。同样，在矩阵的左下角，数字 9 揭示了 9 颗系外行星恒星被错误地归类为非系外行星恒星。当横向分析时，88 颗非系外行星恒星中有 86 颗被正确分类，而 12 颗系外行星恒星中只有 3 颗被正确分类。

混淆矩阵揭示了模型预测的重要细节，而这些细节是准确率评分所无法发现的。

7.2.2　classification_report

7.2.1 节中混淆矩阵的各种数字所揭示的百分比包含在分类报告里。报告生成流程如下。

（1）从 sklearn.metrics 导入 classification_report，代码如下：

```
from sklearn.metrics import classification_report
```

（2）将 y_test 和 y_pred 放在 classification_report 中，确保将 y_test 放在第一位。然后将 classification_report 放在全局打印函数中，以保持输出对齐且易于阅读，代码如下：

```
print(classification_report(y_test, y_pred))
```

以下是预期输出：

```
          precision    recall    f1-score    support

    1        0.91        0.98       0.94         88
    2        0.60        0.25       0.35         12
```

			0.89	100
accuracy				
macro avg	0.75	0.61	0.65	100
weighted avg	0.87	0.89	0.87	100

理解上述评分的含义很重要，接下来依次进行回顾。

1. 精确度

精确度（Precision）表示实际正确的正样本（2）的预测结果。从技术上来说，它是根据真阳性和假阳性来定义的。

2. 真阳性

以下是真阳性（True Positives）的定义和示例。

（1）定义：正确预测为阳性的标签数量。

（2）示例：标签 2 被正确预测为 2。

3. 假阳性

以下是假阳性（False Positives）的定义和例子。

（1）定义：被错误预测为阳性的阴性标签的数量。

（2）示例：对于系外行星恒星，标签 2 被错误地预测为 1。

精确度的定义通常以其数学形式出现，如下所示：

$$\text{precision} = \frac{\text{TP}}{\text{TP} + \text{FP}}$$

这里 TP 代表真阳性，FP 代表假阳性。

在系外行星数据集中，有以下两种数学形式：

$$\text{precision of exoplanet stars} = \frac{3}{3+2} = 0.6$$

和

$$\text{precision of nonexoplanet stars} = \frac{86}{86+9} \approx 0.91$$

精确度给出了每个目标类的正确预测的百分比。现在，回顾一下分类报告揭示的其他关键评分标准。

4. 召回率

召回率（Recall）给出了预测发现的正样本的百分比。它的定义为：真阳性的数量除以真阳性加假阴性的数量。

5. 假阴性

以下是假阴性（False Negatives）的定义和示例：

（1）定义：被错误预测为阴性的标签数量。

（2）示例：系外行星恒星预测，标签 2 被错误地预测为 1。在数学形式上，如下所示：

$$recall = \frac{TP}{TP + FN}$$

TP 代表真阳性，FN 代表假阴性。

在系外行星数据集中，有以下内容：

$$recall\ of\ exoplanet\ stars = \frac{3}{3+9} = 0.25$$

和

$$recall\ of\ nonexoplanet\ stars = \frac{86}{86+2} \approx 0.98$$

召回率表示有多少个正样本被发现。就系外行星而言，只有 25% 的系外行星被发现。

6. F1 评分

F1 评分（F1 score）是精确度和召回率之间的调和平均值。使用调和平均值是因为精确度和召回率是基于不同的分母，而调和平均数可以使它们平衡。当精确度和召回率同等重要时，F1 评分是最好的。注意，F1 评分的范围从 0 到 1，1 是最高的。

7.2.3　备选评分方法

scikit-learn 提供了精确度、召回率和 F1 评分等备选评分方法。标准评分方法列表可以在 scikit-learn 的官方文档中找到。

> **提示**
>
> 　在分类数据集中，准确率通常不是最好的选择。另一种流行的评分方法是 roc_auc_score，即接收算子特征下的曲线面积。与大多数分类评分方法一样，越接近 1，结果越好。可参阅 scikit-learn 官网了解更多信息。

在选择评分方法时，了解目标至关重要。系外行星数据集的目标是寻找系外行星，而隐含目标则是如何选择最佳的评分方法来达到预期结果。

想象一下两种不同的场景。

（1）在机器学习模型预测的 4 颗恒星中，有 3 颗实际拥有系外行星。因此，精确度为：3/4 = 75%。

（2）在 12 颗恒星中，该模型正确预测了 8 颗系外行星。召回率为：8/12 ≈ 67%。

选择哪种评分，需要视情况而定。召回率适用于标记潜在的正样本（系外行星），它旨在找到全部正样本。精确度是确保预测（系外行星）确实为阳性的理想方式。

天文学家不太可能仅仅因为机器学习模型发现了一颗系外行星就予以承认。他们更有可能仔细检查潜在的拥有系外行星的恒星，然后根据额外的证据加以证实或反驳。

假设机器学习模型的目标是找到尽可能多的系外行星，那么尽可能地使用召回应该是一种很好的选择。召回表示 12 颗系外行星中有多少颗已被发现（2/12、5/12、12/12）。

精确度说明

更高的精确度百分比并不表明有更多的拥有系外行星的恒星。例如，1/1，召回率是 100%，但它只找到一颗系外行星。

召回评分

如前文所述，本节将继续使用召回率作为系外行星数据集的评分方法，以找到尽可能多的系外行星。步骤如下。

（1）从 sklearn.metrics 导入 recall_score，代码如下：

```
from sklearn.metrics import recall_score
```

默认情况下，recall_score 报告正样本的召回评分，通常标记为 1。正样本被标记为 2 而负样本被标记为 1 是不寻常的，系外行星数据集就是这种情况。

（2）为了获得系外行星恒星的 recall_score 值，输入 y_test 和 y_pred 作为 recall_score 的参数，同时输入 pos_label=2：

```
recall_score(y_test, y_pred, pos_label=2)
```

潜在拥有系外行星的恒星的评分如下：

```
0.25
```

上述结果与分类报告在召回评分为 2 的情况下给出的百分比相同，这就是拥有系

外行星的恒星。本章后续将不再使用 accuracy_score，而是使用 recall_score 和前面的
参数作为评分标准。

7.3　重采样不平衡数据

现在已拥有了一种适当的评分方法来发现系外行星，下面将探索重采样、欠采样
和过采样等策略，从而纠正不平衡的数据造成的召回率低的情况。

7.3.1　重采样

应对不平衡数据的一个策略是对数据进行重新取样。可以通过减少多数类的行对
数据进行欠采样，通过重复少数类的行对数据进行过采样。

7.3.2　欠采样

先从 5087 行中选择 400 行开始。这是欠采样的一个例子，因为子集包含的行数
比原始的少。本节编写一个函数，允许对任意行数的数据进行欠采样。这个函数应该
返回召回评分，这样就可以看到欠采样是如何改变结果的。以下从评分函数开始。

1. 评分函数

以下函数将 XGBClassifier 和行数作为输入，并生成混淆矩阵、分类报告和系外行
星恒星的召回评分作为输出。步骤如下。

（1）定义一个函数 xgb_clf，它将模型（机器学习模型）和 nrows（行数）作为输入：

```
def xgb_clf(model, nrows):
```

（2）使用 nrows 加载 DataFrame，然后将数据拆分为 X 和 y 以及训练集和测试集，
　　　代码如下：

```
df = pd.read_csv('exoplanets.csv', nrows=nrows)
X = df.iloc[:,1:]
y = df.iloc[:,0]
X_train, X_test, y_train, y_test = train_test_split(X, y,
  random_state=2)
```

（3）初始化模型，将模型拟合到训练集，并使用 y_test、y_pred 和 pos_label=2
　　　作为 recall_score 的输入，对测试集进行评分，代码如下：

```
model.fit(X_train, y_train)
y_pred = xg_clf.predict(X_test)
score = recall_score(y_test, y_pred, pos_label=2)
```

（4）打印混淆矩阵和分类报告，返回评分，代码如下：

```
print(confusion_matrix(y_test, y_pred))
print(classification_report(y_test, y_pred))
return score
```

接下来对行数进行欠采样，查看评分变化情况。

2. 欠采样行

将 nrows 加倍至 800。这仍然是欠采样，因为原始数据集有 5087 行，代码如下：

```
xgb_clf(XGBClassifier(random_state=2), nrows=800)
```

上述代码输出如下：

```
[[189 1]
 [9    1]]
                precision    recall    f1-score    support

1               0.95         0.99      0.97        190
2               0.50         0.10      0.17        10

accuracy                               0.95        200
macro avg       0.73         0.55      0.57        200
weighted avg    0.93         0.95      0.93        200
0.1
```

尽管没有系外行星的恒星的召回近乎完美，但混淆矩阵显示，在 10 颗拥有系外行星的恒星中，只有 1 颗被召回。接下来，将行从 400 减少到 200，代码如下：

```
xgb_clf(XGBClassifier(random_state=2), nrows=200)
```

上述代码输出结果如下：

```
[[37 0]
 [ 8 5]]
                precision    recall    f1-score    support

1               0.82         1.00      0.90        37
2               1.00         0.38      0.56        13
```

```
accuracy                              0.84        50
macro avg       0.91       0.69       0.73        50
weighted avg    0.87       0.84       0.81        50
```

由结果可知，这个结果稍微好一点。通过减少 n_rows，召回率上升了。

以下对类型进行精确平衡。由于有 37 颗拥有系外行星的恒星，因此需要 37 颗没有系外行星的恒星进行数据平衡。使用 nrows=74 来运行 xgb_clf 函数，代码如下：

```
xgb_clf(XGBClassifier(random_state=2), nrows=74)
```

上述代码输出结果如下：

```
[[6  2]
 [5  6]]
                precision    recall    f1-score    support

1               0.55         0.75      0.63        8
2               0.75         0.55      0.63        11
accuracy                               0.63        19
macro avg       0.65         0.65      0.63        19
weighted avg    0.66         0.63      0.63        19


0.5454545454545454
```

尽管子集规模较小，但是仍然取得了较好的结果。接下来查看过采样的情况。

7.3.3　过采样

另一种重采样技术是过采样。过采样不是消除行，而是通过复制和重新分配正样本来增加行。尽管原始数据集有 5000 多行，本节继续使用 nrows = 400 作为起点来加快这一过程。当 nrows = 400 时，正样本与负样本的比例为 10：1。需要 10 倍的正样本才能达到平衡。本节的策略如下。

（1）创建一个新的 DataFrame，将正样本复制 9 次。

（2）将新的 DataFrame 与原始 DataFrame 连接以获得 10：10 的比率。

需要注意的是，如果在将数据分成训练集和测试集之前对其进行重采样，召回评分将会被夸大。这是因为，重采样时，将对正样本进行 9 份复制。在将这些数据拆分为训练集和测试集之后，这两个集中很可能都包含副本。因此，测试集将包含大部分与训练集相同的数据点。正确的策略是先将数据分成训练集和测试集，然后对数据进行重新采样。

使用 X_train、X_test、y_train 和 y_test 进行重采样的步骤如下。

（1）用 pd.merge 将左右索引上的 X_train 和 y_train 合并，代码如下：

```
df_train = pd.merge(y_train, X_train, left_index=True,
right_index=True)
```

（2）使用 np.repeat 创建新 DataFrame 对象 new_df，np.repeat 参数包括以下内容：

- 正样本的值：df_train[df_train['LABEL']==2。
- 副本的数量：在本例中为 9。
- axis=0 参数指定正在处理的列。

代码如下：

```
new_df = pd.DataFrame(np.repeat(df_train[df_train['LABEL']==2].
values, 9,axis=0))
```

（3）复制列名，代码如下：

```
new_df.columns = df_train.columns
```

（4）连接 DataFrame，代码如下：

```
df_train_resample = pd.concat([df_train, new_df])
```

（5）验证 value_counts 是否符合预期，代码如下：

```
df_train_resample['LABEL'].value_counts()
```

预期产出如下：

```
1.0  275
2.0   250
Name: LABEL, dtype: int64
```

（6）使用重新采样的 DataFrame 分割 X 和 y，代码如下：

```
X_train_resample = df_train_resample.iloc[:,1:]
y_train_resample = df_train_resample.iloc[:,0]
```

（7）在重新采样的训练集上拟合模型，代码如下：

```
model = XGBClassifier(random_state=2)
model.fit(X_train_resample, y_train_resample)
```

（8）使用 X_test 和 y_test 对模型进行评分。在结果中包括混淆矩阵和分类报告，
代码如下：

```
y_pred = model.predict(X_test)
score = recall_score(y_test, y_pred, pos_label=2)
print(confusion_matrix(y_test, y_pred))
print(classification_report(y_test, y_pred))
print(score)
```

评分如下：

```
[[86 2]
 [ 8 4]]
              precision    recall  f1-score   support

           1       0.91      0.98      0.95        88
           2       0.67      0.33      0.44        12

    accuracy                           0.90       100
   macro avg       0.79      0.66      0.69       100
weighted avg       0.89      0.90      0.88       100

0.3333333333333333
```

通过适当地保留测试集，过采样实现了 33.3% 的召回率，这个评分尽管仍然较低，
但却是之前获得的 17% 的 2 倍。

> **提示**
>
> SMOTE 是一个流行的重采样库，可以从 imblearn 导入，需要下载使用。本节
> 使用的重采样代码获得了与 SMOTE 相同的结果。

由于重采样最多只能产生适度的增益，以下探讨调整 XGBoost 超参数的情况。

7.4　调整和缩放 XGBClassifier

本节将调整和缩放 XGBClassifier，以获得系外行星数据集的最佳 recall_score 值。
使用 scale_pos_weight 调整权重，运行网格搜索以找到超参数的最佳组合。此外，在
合并和分析结果之前，将为不同数据子集的模型进行评分。

7.4.1　调整权重

第 5 章用 scale_pos_weighth 超参数来抵消希格斯玻色子数据集的不平衡。scale_pos_weight 是一个超参数，用来缩放正权重。这里强调正值很重要，因为 XGBoost 假设目标值为 1 时为正，目标值为 0 时为负。在系外行星数据集中，一直使用数据集提供的默认 1 为负，2 为正。现在将使用 .replace() 函数将 0 切换为负值，将 1 切换为正值。

1. 替换

.replace() 函数可用于重新赋值。以下代码将 'LABEL' 列中的 1 替换为 0，将 2 替换为 1，代码如下：

```
df['LABEL'] = df['LABEL'].replace(1, 0)
df['LABEL'] = df['LABEL'].replace(2, 1)
```

如果将这两行代码顺序颠倒一下，那么所有列的值最终都会变成 0，因为所有的 2 都会变成 1，然后所有的 1 都会变成 0。

使用 value_counts 函数验证计数，代码如下：

```
df['LABEL'].value_counts()
```

以下是上述代码的输出：

```
0    363
1    37
Name: LABEL, dtype: int64
```

正样本现在标记为 1，负样本标记为 0。

2. scale_pos_weight

下面是构建一个 scale_pos_weight=10 的新 XGBClassifier 来解决数据中的不平衡问题的步骤。

（1）将新 DataFrame 拆分为 X（预测列）和 y（目标列），代码如下：

```
X = df.iloc[:,1:]
y = df.iloc[:,0]
```

（2）将数据拆分为训练集和测试集，代码如下：

```
X_train, X_test, y_train, y_test = train_test_split(X, y,
random_state=2)
```

（3）使用 scale_pos_weight=10 构建、拟合、预测和评分 XGBClassifier。打印混淆
矩阵和分类报告以查看完整结果，代码如下：

```
model = XGBClassifier(scale_pos_weight=10, random_ state=2)
model.fit(X_train, y_train)
y_pred = model.predict(X_test)
score = recall_score(y_test, y_pred)
print(confusion_matrix(y_test, y_pred))
print(classification_report(y_test, y_pred))
print(score)
```

以下是上述代码的输出：

```
[[86 2]
 [8    4]]
              precision    recall    f1-score    support

0                 0.91       0.98        0.95         88
1                 0.67       0.33        0.44         12

accuracy                                 0.90        100
macro avg         0.79       0.66        0.69        100
weighted avg      0.89       0.90        0.88        100

0.3333333333333333
```

结果与 7.3 节中的重采样方法相同。由此可见，从头开始实施的过采样方法给出
了与带有 scale_pos_weight 的 XGBClassifier 相同的预测。

7.4.2　调整 XGBClassifier

在微调超参数时，使用 GridSearchCV 和 RandomizedSearchCV 是标准做法。两者
都需要两次或更多次的交叉验证。由于初始模型表现不佳，并且在大型数据集上测试
多个拆分的计算成本很高，目前还没有实现交叉验证。

一种平衡的方法是使用 GridSearchCV 和 RandomizedSearchCV 两次拆分以节省时
间。为确保结果一致，建议使用 StratifiedKFold（见第 6 章内容）。接下来将从基线
模型开始。

1. 基线模型

下面是构建基线模型的步骤，该模型实现了与网格搜索相同的 K 折交叉验证：

（1）导入 GridSearchCV、RandomizedSearchCV、StratifiedKFold 和 cross_val_
　　 score，代码如下：

```
from sklearn.model_selection import GridSearchCV,
RandomizedSearchCV, StratifiedKFold, cross_val_score
```

（2）使用 n_splits=2 和 shuffle=True 将 StratifiedKFold 初始化为 kfold，代码如下：

```
kfold = StratifiedKFold(n_splits=2, shuffle=True, random_
state=2)
```

（3）用 scale_pos_weight=10 初始化 XGBClassifier，因为负样本数是正样本数的
　　 10 倍，代码如下：

```
model = XGBClassifier(scale_pos_weight=10, random_state=2)
```

（4）使用 cv=kfold 和 Score='recall' 作为参数的 cross_val_Score 对模型进行评分，
　　 然后显示评分，代码如下：

```
scores = cross_val_score(model, X, y, cv=kfold,
scoring='recall')
print('Recall: ', scores)
print('Recall mean: ', scores.mean())
```

评分如下：

```
Recall:      [0.10526316 0.27777778]
Recall mean:    0.1915204678362573
```

采用交叉验证时模型得分会有所下降。当数据集中正样本数量非常少时，训练集
和测试集中的行的选择对模型的得分会产生影响。不同的 StratifiedKFold 和 train_test_
split 实现方法可能导致不同的结果。

2. grid_search

为微调超参数，以下是实现第 6 章中的 grid_search 函数变体的过程。

（1）新函数需要与输入相同的参数字典，以及一个使用 RandomizedSearchCV 的
　　 随机选项。此外，X 和 y 作为默认参数提供给其他子集使用，评分方法如下：

```
def grid_search(params, random=False, X=X, y=y,
    model=XGBClassifier(random_state=2)):
    xgb = model
    if random:
```

```
    grid = RandomizedSearchCV(xgb, params, cv=kfold,
      n_jobs=-1, random_state=2, scoring='recall')
  else:
    grid = GridSearchCV(xgb, params, cv=kfold, n_jobs=-1,
 scoring='recall')
  grid.fit(X, y)
  best_params = grid.best_params_
  print("Best params:", best_params)
  best_score = grid.best_score_
  print("Best score: {:.5f}".format(best_score))
```

（2）运行不包括默认值的网格搜索来尝试提高评分。以下是一些初始网格搜索及
其结果：

- 网格搜索 1：

```
 grid_search(params={'n_estimators':[50, 200, 400, 800]})
```

结果如下：

```
 Best params: {'n_estimators': 50}
 Best score: 0.19152
```

- 网格搜索 2：

```
 grid_search(params={'learning_rate':[0.01, 0.05, 0.2, 0.3]})
```

结果：

```
 Best params: {'learning_rate': 0.01}
 Best score: 0.40351
```

- 网格搜索 3：

```
 grid_search(params={'max_depth':[1, 2, 4, 8]})
```

结果：

```
 Best params: {'max_depth': 2}
 Best score: 0.24415
```

- 网格搜索 4：

```
 grid_search(params={'subsample':[0.3, 0.5, 0.7, 0.9]})
```

结果：

```
Best params: {'subsample': 0.5}
Best score: 0.21637
```

● 网格搜索 5：

```
grid_search(params={'gamma':[0.05, 0.1, 0.5, 1]})
```

结果：

```
Best params: {'gamma': 0.05}
Best score: 0.24415
```

（3）更改 learning_rate、max_depth 和 gamma 会带来收益。通过缩小范围来尝试
将它们结合起来，代码如下：

```
grid_search(params={'learning_rate':[0.001, 0.01, 0.03],
'max_depth':[1, 2], 'gamma':[0.025, 0.05, 0.5]})
```

评分如下：

```
Best params: {'gamma': 0.025, 'learning_rate': 0.001,
'max_depth': 2}
Best score: 0.53509
```

（4）值得一试的是 max_delta_step，这只适用于不平衡的数据集，XGBoost 只推
荐这种方法。默认值为 0，增加步长会产生更保守的模型：

```
grid_search(params={'max_delta_step':[1, 3, 5, 7]})
```

评分如下：

```
Best params: {'max_delta_step': 1}
Best score: 0.24415
```

（5）作为最后一个策略，在随机搜索中将 subsample 与所有列样本结合起来：

```
grid_search(params={'subsample':[0.3, 0.5, 0.7, 0.9, 1],
'colsample_bylevel':[0.3, 0.5, 0.7, 0.9, 1],
'colsample_bynode':[0.3, 0.5, 0.7, 0.9, 1],
'colsample_bytree':[0.3, 0.5, 0.7, 0.9, 1]}, random=True)
```

评分如下：

```
Best params: {'subsample': 0.3, 'colsample_bytree': 0.7,
'colsample_bynode': 0.7, 'colsample_bylevel': 1}
Best score: 0.35380
```

本节不再继续这个包含 400 行的数据子集，而是切换到包含 74 行的平衡子集（欠采样）来比较结果。

3. 平衡子集

74 行的平衡子集具有最少的数据点，也是测试最快的。X 和 y 需要显式定义，因为它们最后用于函数内部的平衡子集。X_short 和 y_short 的新定义如下：

```
X_short = X.iloc[:74, :]
y_short = y.iloc[:74]
```

经过几次网格搜索，将 max_depth 和 colsample_bynodeg 结合起来的结果如下：

```
grid_search(params={'max_depth':[1, 2, 3], 'colsample_
bynode':[0.5, 0.75, 1]}, X=X_short, y=y_short,
model=XGBClassifier(random_state=2))
```

评分如下：

```
Best params: {'colsample_bynode': 0.5, 'max_depth': 2}
Best score: 0.65058
```

这是一个改进。接下来尝试对所有数据进行超参数微调。

4. 微调所有数据

在所有数据上实现 grid_search 函数的主要问题就是时间，详细流程如下。

（1）将所有数据读入新的 DataFrame，df_all，代码如下：

```
df_all = pd.read_csv('exoplanets.csv')
```

（2）将 1 替换为 0，将 2 替换为 1，代码如下：

```
df_all['LABEL'] = df_all['LABEL'].replace(1, 0)
df_all['LABEL'] = df_all['LABEL'].replace(2, 1)
```

（3）将数据拆分为 X 及 y，代码如下：

```
X_all = df_all.iloc[:,1:]
y_all = df_all.iloc[:,0]
```

（4）验证 'LABEL' 列的 value_counts，代码如下：

```
df_all['LABEL'].value_counts()
```

输出如下：

```
0  5050
1  37
Name: LABEL, dtype: int64
```

（5）通过将负样本个数除以正样本个数，对权重进行缩放，代码如下：

```
weight = int(5050/37)
```

（6）用 XGBClassifier 和 scale_pos_weight=weight 对所有数据进行基线模型评分，
代码如下：

```
model = XGBClassifier(scale_pos_weight=weight,
random_state=2)
scores = cross_val_score(model, X_all, y_all, cv=kfold,
scoring= 'recall')
print('Recall:', scores)
print('Recall mean:', scores.mean())
```

输出如下：

```
Recall: [0.10526316 0. ]
Recall mean: 0.05263157894736842
```

这个评分很糟糕。据推测，尽管召回率较低，但分类器的准确率很高。

（7）尝试根据迄今为止最成功的结果来优化超参数，代码如下：

```
grid_search(params={'learning_rate':[0.001, 0.01]}, X=X_all,
y=y_all, model=XGBClassifier(scale_pos_weight=weight,
random_state=2))
```

评分如下：

```
Best params: {'learning_rate': 0.001}
Best score: 0.26316
```

这比所有数据的初始评分要好得多。继续尝试组合超参数，代码如下：

```
grid_search(params={'max_depth':[1, 2],'learning_rate':
[0.001]}, X=X_all, y=y_all,
model=XGBClassifier(scale_pos_weight=weight, random_state=2))
```

评分如下:

```
Best params: {'learning_rate': 0.001, 'max_depth': 2}
Best score: 0.53509
```

这个结果很不错,尽管没有之前欠采样数据集的表现那么显著。

对于系外行星数据集,接下来测试机器学习模型在较小的子集上的表现。

7.4.3　巩固成果

在使用不同数据集进行结果合并时会遇到一些棘手的问题,例如一直在处理的以下子集:

(1)大约 5050 行,约 54% 召回率。

(2)大约 400 行,约 54% 召回率。

(3)大约 74 行,约 68% 召回率。

获得的最佳结果包括 learning_rate=0.001、max_depth=2 和 colsample_bynode=0.5。

下面在所有 37 颗系外行星上训练一个模型。这意味着测试结果将来自模型已经训练过的数据点。通常这并不是一个好主意,然而在这种情况下,正样本非常少,了解较小的子集如何测试它以前没有见过的正样本可能具有指导意义。

以下函数将 X、y 和机器学习模型作为输入。该模型对所提供的数据进行拟合,然后对整个数据集进行预测。最后打印出 recall_score、混淆矩阵,以及分类报告,代码如下:

```
def final_model(X, y, model):
    model.fit(X, y)
    y_pred = model.predict(X_all)
    score = recall_score(y_all, y_pred)
    print(score)
    print(confusion_matrix(y_all, y_pred))
    print(classification_report(y_all, y_pred))
```

为三个子集分别运行该函数。在三个最强的超参数中,colsample_bynode 和 max_depth 给出了最好的结果。从最小的行数开始,其中拥有系外行星的恒星和没有系外行星的恒星的数量相互匹配。

1. 74 行

代码如下:

```
final_model(X_short, y_short, XGBClassifier(max_depth=2,
```

```
colsample_by_node=0.5, random_state=2)))
```

输出如下：

```
1.0
[[3588 1462]
 [0     37]]
                 precision      recall       f1-score      support

0                1.00           0.71         0.83          5050
1                0.02           1.00         0.05          37

accuracy                                     0.71          5087
macro avg        0.51           0.86         0.44          5087
weighted avg     0.99           0.71         0.83          5087
```

所有 37 颗系外行星都被正确识别，但有 1462 颗没有系外行星的恒星被错误地分类了。这些恒星中，有的被误认为是系外行星。尽管召回率为 100%，但精确率为 2%，F1 评分为 5%。当只调整召回率时，低精确率和低 F1 评分是一种风险。实际上，一名天文学家必须在 1462 颗潜在的拥有系外行星的恒星中挑选出 37 颗。这是不可接受的。

2. 400 行

在 400 行的情况下，使用 scale_pos_weight=10 超参数来平衡数据，代码如下：

```
final_model(X, y, XGBClassifier(max_depth=2, colsample_
bynode=0.5, scale_pos_weight=10, random_state=2))
```

输出如下：

```
1.0
[[4901   149]
 [   0    37]]
                 precision      recall       f1-score      support

0                1.00           0.97         0.99          5050
1                0.20           1.00         0.33          37

accuracy                                     0.97          5087
macro avg        0.60           0.99         0.66          5087
weighted avg     0.99           0.97         0.98          5087
```

同样，所有 37 颗拥有系外行星的恒星都被正确分类，召回率为 100%，但 149 颗没有系外行星的恒星被错误分类，精确率为 20%。在这种情况下，天文学家需要对

186 颗恒星进行分类才能找到 37 颗拥有系外行星的恒星。

最后，对所有的数据进行训练。

3. 5050 行

在所有数据的情况下，设置 scale_pos_weight 等于之前定义的 weight 变量，代码如下：

```
final_model(X_all, y_all, XGBClassifier(max_depth=2, colsample_
bynode=0.5, scale_pos_weight=weight, random_state=2))
```

输出如下：

```
1.0
[[5050     0]
[0      37]]
             precision        recall       f1-score       support

0                1.00          1.00           1.00          5050
1                1.00          1.00           1.00            37


accuracy                                      1.00          5087
macro avg        1.00          1.00           1.00          5087
weighted avg     1.00          1.00           1.00          5087
```

所有预测、召回率和准确率都是 100% 完美的。在这种非常理想的情况下，天文学家无须筛选任何不良数据，即可找到所有拥有系外行星的恒星。但是切记，这些评分基于训练数据，而不是基于未见过的测试数据，后者是构建强大模型所必需的。换言之，尽管该模型完美适配训练数据，但很可能无法很好地推广到新数据上。然而，这些数字仍有价值。由于机器学习模型在训练集上的表现令人印象深刻，而在测试集上的表现也很一般，因此方差可能过高。此外，可能需要更多的树和更多轮次的微调来获取数据中的细微模式。

7.4.4 分析结果

当在训练集上评分时，调整后的模型提供了完美的召回率，但精确度差异很大。以下是要点：

（1）使用精确度而不使用召回率或 F1 评分可能导致次优模型。通过使用分类报告，可以揭示更多细节。

（2）不建议过分强调来自小子集的高分。

（3）当测试评分较低，但在不平衡数据集上训练评分较高时，建议使用具有广泛
　　 超参数微调的更深模型。

　　 Kaggle 用户曾在 Kaggle 上针对系外行星数据集对内核进行了调查，并公开
　　 展示的结果，揭示出以下内容：

（1）许多用户不明白，高准确率评分很容易获得，但对于高度不平衡的数据，这
　　 实际上毫无意义。

（2）用户的精确度通常在 50% ～ 70%，而用户的召回率则在 60% ～ 100%（拥
　　 有 100% 召回率的用户的精确度为 55%），这表明该数据集存在挑战和限制。

　　 当你向天文学教授展示结果时，他对不平衡数据的局限性更加明智，你认为你的
模型充其量只有 70% 的召回率，而且 37 颗拥有系外行星的恒星不足以建立一个强大
的机器学习模型来寻找其他行星上的生命。然而，XGBClassifier 的优点在于，它使得
天文学家和其他接受过数据分析培训的人能够使用机器学习技术来决定关注宇宙中的
哪些恒星，以便发现轨道上的下一颗系外行星。

7.5　总结

　　 本章使用系外行星数据集探索了一下宇宙，尝试发现新的行星和潜在的新生命。
本章构建了多个 XGBClassifier 来预测拥有系外行星的恒星何时是光线周期性变化所引
起的结果。在只有 37 颗拥有系外行星的恒星和 5050 颗没有系外行星的恒星的情况下，
通过欠采样、过采样和调整 XGBoost 超参数（包括 scale_pos_weight）来纠正不平衡
数据。

　　 本章还使用混淆矩阵和分类报告分析了模型分类结果。介绍了各种分类评分方法
之间的关键差异，以及为什么对于系外行星数据集来说准确率几乎没有价值，而高召
回率才是理想的选择，特别是当其与高精度相结合以获得良好的 F1 评分的时候。最后，
介绍了当数据极度多样化和失衡时，机器学习模型的局限性。

　　 通过本案例研究，介绍了使用 scale_pos_weight、超参数微调和替代分类评分方法
来分析具有不平衡数据集的 XGBoost 所需的背景和技能。

第三部分
XGBoost 进阶

该部分将尝试并微调备选基学习器，从 Kaggle 大师那里学习创新的技巧，包括堆叠和高级特征工程，并使用稀疏矩阵、定制转换器和管道，练习构建适合行业部署的强大模型。

本部分包括以下章节：

第 8 章 "XGBoost 的备选基学习器"

第 9 章 "XGBoost Kaggle 大师"

第 10 章 "XGBoost 模型部署"

第 8 章 XGBoost 的备选基学习器

本章将分析和应用 XGBoost 中不同的基学习器。在 XGBoost 中，基学习器是单独的模型，它通常是树模型，在每个提升（boosting）轮次中进行迭代。除了默认的决策树（XGBoost 定义为 gbtree）之外，可选的其他基学习器包括 gblinear 和 DART。此外，XGBoost 还有自己的随机森林实现作为基学习器和树集成算法，对此本章将进行相应的实验。

通过学习如何应用备选基学习器，将会极大扩展 XGBoost 的应用范围，并将构建更多的模型，进一步学习新的方法来开发线性的、基于树和随机森林的机器学习算法。本章力图使读者熟练掌握使用备选基学习器构建 XGBoost 模型的方法，以便利用高级XGBoost 选项找到各种情况下的最佳模型。

本章主要内容如下：

（1）备选基学习器概览；

（2）应用 gblinear；

（3）比较 DART；

（4）寻找 XGBoost 随机森林。

8.1 备选基学习器概览

基学习器（Base Learner）是 XGBoost 用于构建其集成模型中的第一个机器学习模型。使用"基"这个词是因为它是第一个模型，而使用"学习器"这个词则是因为模型从错误中学习后会自我迭代。

由于提升树始终会产生较高评分，因此决策树已经成为 XGBoost 的首选基学习器。决策树的流行不仅限于 XGBoost，还拓展到其他集成算法，如随机森林和极限随机树，可查看 scikit-learn 文档中的 ExtraTreesClassifier 和 ExtraTreesRegressor 的用法来了解详情。

在 XGBoost 中，默认基学习器是 gbtree。除此之外，还有 gblinear（即梯度提升线性模型）和 DART（一种包含基于神经网络的 dropout 技术的决策树变体）。此外，还有 XGBoost 随机森林。下面将探讨这些基学习器之间的差异，然后在后续章节中进行应用练习。

8.1.1　gblinear

由于决策树可以通过分裂数据来轻松访问节点，因此对于非线性数据来说决策树是最优的。因为真实数据通常是非线性的，所以决策树通常更适合作为基学习器。然而，如果真实数据具有线性关系，则决策树可能不是最佳选择。对于这种情况，XGBoost 提供了 gblinear 作为备选的线性基学习器。

提升线性模型的总体思路与提升树模型相同。首先构建一个基础模型，然后每个后续模型都在残差基础上进行训练。最后，将所有单个模型相加得到最终结果。线性基学习器的主要特征在于其集合中的每个模型都是线性的。

与 Lasso 和 Ridge 类似，线性回归的变体也可以添加正则化项（参见第 1 章），gblinear 也在线性回归中加入正则化项。XGBoost 的创始人和开发者陈天奇在 GitHub 上评论说，可以通过多次提升 gblinear 来获得单个 Lasso 回归模型。

通过逻辑回归，gblinear 也可以用于分类问题。这是因为逻辑回归也是通过找到最优系数（加权输入），并通过 Sigmoid 函数进行求和来构建的，与线性回归相似（参见第 1 章）。

8.2 节将探索 gblinear 的详细内容和应用。

8.1.2　DART

丢弃性多重加法回归树（Dropouts meet Multiple Additive Regression Trees，DART）由加州大学伯克利分校的 K.V. Rashmi 和微软的 Ran Gilad-Bachrach 于 2015 年在论文 *DART: Dropouts meet Multiple Additive Regression Trees* 中引入。

虽然 Rashmi 和 Gilad-Bachrach 将多重加法回归树（Multiple Additive Regression Trees，MART）作为一种成功的模型，但它过于依赖之前的树。他们没有专注于收缩（即标准的惩罚项），而是使用神经网络中的 dropout 技术。简单地说，dropout 技术通过消除神经网络每层中的节点（数学点），从而减少了过拟合。换句话说，dropout 技术通过每轮消除信息来放缓模型学习过程。

在 DART 每轮提升中，DART 选择之前树的随机样本，并通过缩放因子 $1/k$（其中 k 是丢弃的树的数量）来归一化叶节点，而不是将所有先前树的残差相加以构建新模型。DART 是决策树的一个变种。XGBoost 实现的 DART 类似于带有额外超参数以适应 dropout 的 gbtree。关于 DART 的数学细节，可参考本节第一段中引用的原始论文。

8.3 节将介绍使用 DART 基学习器构建机器学习模型的方法。

8.1.3   XGBoost 随机森林

本节将探讨 XGBoost 的最后一个备选基学习器——随机森林。随机森林既可以通过将 num_parallel_trees 设置为大于 1 的整数作为基学习器，也可以通过 XGBoost 中定义的 XGBRFRegressor 和 XGBRFClassifier 作为类的选项。

梯度提升旨在改进相对较弱的基学习器的错误，而不是强基学习器（如随机森林）。然而，在极端情况下，随机森林基学习器可能具有较好的表现，此时这是一个相对较好的选择。此外，XGBoost 提供了 XGBRFRegressor 和 XGBRFClassifier 作为随机森林机器学习算法，它们不是基学习器，而是有自己的算法。这些算法的工作方式类似于 scikit-learn 的随机森林（参见第 3 章）。与基学习器的主要区别在于 XGBoost 包含默认的超参数来对抗过拟合，以及它们自己的建立单个树的方法。截至 2020 年年末，XGBoost 随机森林还处于实验阶段。但是，正如本章所述，它们目前正在开始超越 scikit-learn 的随机森林。8.4.3 节将尝试使用 XGBoost 的随机森林，既作为基学习器，也作为其自身的模型。

现在，已经了解了 XGBoost 的基学习器，下面将学习如何应用它们。

8.2   应用 gblinear

现实世界里很难找到最适合线性模型的数据集。通常情况下，真实数据都很复杂，通过树集成这种更复杂的模型才可以产生更好的评分。但在某些情况下，线性模型可能具有更好的泛化能力。机器学习算法的成功取决于它们在实际数据中的表现。8.2.1 节将首先把 gblinear 应用于糖尿病数据集，然后通过构造法将其应用于线性数据集。

8.2.1   将 gblinear 应用于糖尿病数据集

糖尿病数据集是一个由 scikit-learn 提供的由 442 个糖尿病患者的数据所组成的回归数据集。预测列包括年龄、性别、BMI（体重指数）、BP（血压）和五种血清测量值。目标列是 1 年后疾病的发展情况。可以在原始论文 *Least Angle Regression* 中了解有关该数据集的信息。

scikit-learn 中的数据集已经做了预处理，分成了预测列和目标列。它们已经通过

X（预测列）和 y（目标列）加载并预处理，方便进行机器学习。以下是使用此数据集和本章其余部分内容所需的全部导入内容。

```
import pandas as pd
import numpy as np
from sklearn.datasets import load_diabetes
from sklearn.model_selection import cross_val_score
from xgboost import XGBRegressor, XGBClassifier, XGBRFRegressor,
XGBRFClassifier
from sklearn.ensemble import RandomForestRegressor,
RandomForestClassifier
from sklearn.linear_model import LinearRegression, LogisticRegression
from sklearn.linear_model import Lasso, Ridge
from sklearn.model_selection import GridSearchCV
from sklearn.model_selection import KFold
from sklearn.metrics import mean_squared_error as MSE
```

要使用糖尿病数据集，执行以下操作。

（1）使用 load_diabetes 函数，并将 return_X_y 参数设置为 True 来定义 X 和 y，代码如下：

```
X, y = load_diabetes(return_X_y=True)
```

算法使用 cross_val_score 和 GridSearchCV，为了确保平均指标一致，提前创建了固定的数据拆分模式。第 6 章使用了 StratifiedKFold，它将目标列分层，确保每个测试集包括相同数量的类。

这种方法适用于分类，但不适用于回归，因为目标列是连续值，不涉及分类。Kfold 方法通过在数据中创建一致的拆分来实现类似的目标，而不需要分层。

（2）使用以下参数对数据进行随机化并使用 5 个拆分的 Kfold：

```
kfold = KFold(n_splits=5, shuffle=True, random_state=2)
```

（3）构建一个带有 cross_val_score 的函数，该函数以机器学习模型作为输入，并将 5 个拆分的平均评分作为输出返回，确保将 cv 设置为 kfold，代码如下：

```
def regression_model(model):
scores = cross_val_score(model, X, y, scoring='neg_mean_
squared_error', cv=kfold)
rmse = (-scores)**0.5
return rmse.mean()
```

（4）要将 gblinear 用作基础模型，只需在 regression_model 函数中设置 XGBRegressor 的参数 booster ='gblinear' 即可，代码如下：

```
regression_model(XGBRegressor(booster='gblinear'))
```

评分情况如下：

```
55.4968907398679
```

（5）将此评分与其他线性模型（包括 LinearRegression，使用 L1 或绝对值正则化的 Lasso 及使用 L2 或欧几里得距离正则化的 Ridge）进行比较，代码如下：
- 使用 LinearRegression，代码如下：

```
regression_model(LinearRegression())
```

评分情况如下：

```
55.50927267834351
```

- 使用 Lasso，代码如下：

```
regression_model(Lasso())
```

评分情况如下：

```
62.64900771743497
```

- 使用 Ridge，代码如下：

```
regression_model(Ridge())
```

评分情况如下：

```
58.83525077919004
```

如上所示，使用 gblinear 作为基学习器的 XGBRegressor 表现最佳，与 LinearRegression 一样。

（6）将 booster='gbtree' 放入 XGBRegressor 中（这是默认的基学习器）：

```
regression_model(XGBRegressor(booster='gbtree'))
```

评分情况如下：

```
65.96608419624594
```

在这种情况下，gbtree 基学习器的表现远不如 gblinear 基学习器，这表明线性模型是最理想的。

下面分析是否可以通过修改超参数，使 gblinear 作为基学习器的学习效果有所提高。

1. gblinear 超参数

在调整超参数时，理解 gblinear 和 gbtree 之间的区别很重要。第 6 章中介绍的许多 XGBoost 超参数是树状超参数，并不适用于 gblinear。例如，max_depth 和 min_child_weight 是专门为树设计的超参数。以下是设计用于线性模型的 XGBoost gblinear 超参数的概述。

1）reg_lambda

scikit-learn 使用 reg_lambda 而不是 lambda，lambda 是 Python 中 lambda 函数的保留关键字。这是 Ridge 使用的标准 L2 正则化。该参数值接近 0 时效果最佳。参数说明如下：

（1）默认值：0。

（2）范围：[0, inf)。

（3）增加可以防止过拟合。

（4）别名是 lambda。

2）reg_alpha

scikit-learn 接受 reg_alpha 和 alpha 两个参数。这是 Lasso 使用的标准 L1 正则化。值接近 0 时效果最佳。参数说明如下：

（1）默认值：0。

（2）范围：[0, inf)。

（3）增加可以防止过拟合。

（4）别名是 alpha。

3）updater

这是 XGBoost 在每轮提升时用于构建线性模型的算法。Shotgun 使用 hogwild 并行性和坐标下降法来产生非确定性解。相比之下，coord_descent 是普通的坐标下降法，具有确定性解。参数说明如下：

（1）默认值为 shotgun。

（2）范围是 shotgun, coord_descent。

> **注意：**
> 坐标下降（coordinate descent）是一个机器学习术语，即通过逐个查找梯度来最小化误差。

4）feature_selector

feature_selector 确定如何选择权重，有以下 5 个选项：

（1）cyclic：迭代地循环特征。

（2）shuffle：每轮随机对特征进行打乱。

（3）random：坐标下降法中的坐标选择器是随机的。

（4）greedy：选择梯度幅度最大的坐标（耗时较长）。

（5）thrifty：近似 greedy，根据权重变化重新排序特征，参数如下。

● 默认值为 cyclic。

● 范围必须与更新器（updater）一起使用，参数如下：

　◆ shotgun：cyclic、shuffle。

　◆ coord_descent：random、greedy、thrifty。

> **注意：**
> 对于大型数据集，greedy 需更多计算成本，但可以通过更改参数 top_k（见下文）来减少 greedy 考虑的特征数量。

5）top_k

top_k 是 greedy 和 thrifty 在坐标下降过程中选择的特征数量，参数如下：

（1）默认值：0（所有特征）。

（2）范围：[0，最大特征数]。

> **注意：**
> 关于 XGBoostgblinear 超参数的更多信息可以参考 XGBoost 的官方文档页面。

2. gblinear 网格搜索

现在，已经了解了 gblinear 可以使用的超参数范围。如何在自定义的 grid_search 函数中使用 GridSearchCV 来找到最佳参数，详细步骤如下。

（1）这是第 6 章使用的 grid_search 函数的一个版本。代码如下：

```
def grid_search(params, reg=XGBRegressor(booster='gblinear')):
grid_reg = GridSearchCV(reg, params, scoring='neg_mean_
squared_error', cv=kfold)
grid_reg.fit(X, y)
best_params = grid_reg.best_params_
print("Best params:", best_params)
best_score = np.sqrt(-grid_reg.best_score_)
print("Best score:", best_score)
```

（2）使用标准范围修改 alpha，代码如下：

```
grid_search(params={'reg_alpha':[0.001, 0.01, 0.1, 0.5, 1, 5]})
```

输出如下：

```
Best params:{'reg_alpha': 0.01}
Best params:55.485310447306425
```

评分与原来大致相同，略有改善。

（3）使用相同的范围修改 reg_lambda，代码如下：

```
grid_search(params={'reg_lambda':[0.001, 0.01, 0.1, 0.5, 1, 5]})
```

输出如下：

```
Best params: {'reg_lambda': 0.001}
Best score: 56.17163554152289
```

在这种情况下，评分非常相似，但稍微差了一些。

（4）结合使用 feature_selector 与 updater。默认情况下，updateater= shotgun，
feature_selector=cyclic。当 updater=shotgun 时，feature_selector 的唯一其他
选项是 shuffle。

下面研究 shuffle 是否比 cyclic 表现更好，代码如下：

```
grid_search(params={'feature_selector':['shuffle]})
```

输出如下：

```
Best params: {'feature_selector': 'shuffle'}
Best score: 55.531684115240594
```

在这种情况下，shuffle 并没有表现得更好。

（5）将 updater 更改为 coord_descent。如上所述，feature_selector 可以选择

random、greedy 或 thrifty。通过输入以下代码在 grid_search 中尝试所有
feature_selector 的可用选项，代码如下：

```
grid_search(params={'feature_selector':['random',
'greedy','thrifty'],
'updateater':['coord_descent' })
```

输出如下：

```
Best params:{'feature_selector': 'thrifty', 'updater': 'coord_
descent'}
Best score: 55.48798105805444
```

这比上述参考基础评分稍微好了一些。

最后要检查的超参数是 top_k，它定义了 greedy 和 thrifty 在坐标下降过程中
检查的特征数量。由于总共有 10 个特征，因此 2 ～ 9 是可以接受的。

（6）在 grid_search 函数内，为 greedy 算法和 thrifty 算法输入 top_k 的范围，以
寻找最佳选项，代码如下：

```
grid_search(params={'feature_selector':['greedy', 'thrifty'],
'updater':['coord_descent'], 'top_k':[3, 5, 7, 9]})
```

输出如下：

```
Best params: {'feature_selector': 'thrifty', 'top_k': 3,
'updater':
'coord_descent'}
Best score: 55.478623763746256
```

这是目前为止最好的评分。在继续操作之前，需要注意的是，除了与树有关的超
参数外，还可以使用其他超参数，例如 n_estimators 和 learning_rate。

下面介绍 gblinear 在构建线性数据集时的工作情况。

8.2.2　线性数据集

如果想要确保某个数据集是线性，可以采用构造法。可以选择一系列 X 值，如
1 ～ 99，并乘以一个带有一些随机性的比例因子。

以下是构造线性数据集的步骤。

（1）设置 X 的数值范围为 1 ～ 100，代码如下：

```
X = np.range(1,100)
```

（2）使用 NumPy 声明一个随机种子，以确保结果的一致性，代码如下：

```
np.random.seed(2)
```

（3）创建一个空列表 y，代码如下：

```
y = []
```

（4）循环遍历 X，将每个条目乘以 -0.2 ～ 0.2 的随机数，代码如下：

```
for i in X:
    y.append(i * np.random.uniform(-0.2, 0.2))
```

（5）将 y 转换为适用于机器学习的 Numpy 数组：

```
y = np.array(y)
```

（6）调整 X 和 y 的形状，使其包含与数组成员一样多的行和一列，因为列是
scikit-learn 期望的机器学习输入。代码如下：

```
X = X.reshape(X.shape[0], 1)
y = y.reshape(y.shape[0], 1)
```

现在有了一个包含 X 和 y 的随机性的线性数据集。再次运行 regression_model 函数，
用 gblinear 作为基学习器。代码如下：

```
regression_model(XGBRegressor(booster='gblinear', objective=
'reg:squarederror')
```

评分如下：

```
6.214946302686011
```

使用 gbtree 作为基学习器再次运行 regression_model 函数，代码如下：

```
regression_model(XGBRegressor(booster='gbtree', objective=
'reg:squarederror')
```

评分如下：
```
9.37235946501318
```

可以看到，gblinear 在构建的线性数据集中表现得更好。为了更好地比较，在同

一数据集上尝试 LinearRegression，代码如下：　　　·

```
regression_model(LinearRegression())
```

评分如下：

```
6.214962315808842
```

在这种情况下，gblinear 表现略好，结果可能是微不足道的，只比 LinearRegression
低 0.00002 分。

8.2.3　gblinear 分析

gblinear 是一个很有吸引力的备选方案，但只有当有理由相信线性模型可能比
树模型表现更好时才应该使用它。在真实和构造的数据集中，gblinear 表现略好于
LinearRegression。在 XGBoost 中，当数据集较大且呈线性关系时，gblinear 是一个强
大的基学习器备选方案。gblinear 也适用于分类数据集，8.3 节将学习其应用。

8.3　比较 DART

基学习器 DART 与 gbtree 类似，都是梯度提升树。主要区别在于 DART 在每轮提
升中会丢弃掉一些树。在本节将应用并比较基学习器 DART 在回归和分类问题中与其
他基学习器的表现。

8.3.1　DART 与 XGBRegressor

以下是 DART 在糖尿病数据集上的表现。

（1）使用 load_diabetes 重新定义 X 和 y，代码如下：

```
X, y = load_diabetes(return_X_y=True)
```

（2）为了使用 DART 作为 XGBoost 基学习器，在 regression_model 函数中设置
XGBRegressor，其中参数 booster ='dart'。代码如下：

```
regression_model(XGBRegressor(booster='dart', objective=
'reg:squarederror')
```

评分如下：

```
65.96444746130739
```

　　精确到小数点后两位时，DART 基学习器与 gbtree 基学习器的结果相同。这种结果的相似性是由于数据集较小，且 gbtree 默认超参数成功防止了过拟合，无须使用丢弃技术。

　　下面看一下 DART 在较大的分类数据集上与 gbtree 的表现比较。

8.3.2　使用 XGBClassifier 的 DART

　　本书多个章节都使用了人口普查数据集。在本书的 GitHub 源码目录中，第 8 章的代码中也预加载了第 1 章处理过的纯净原始数据集。现在开始测试如何在更大的数据集上使用 DART。

　　（1）将人口普查数据集加载到 DataFrame 中，并使用最后一个索引（−1）作为目标列将预测器和目标列分割为 X 和 y。代码如下：

```
df_census = pd.read_csv('census_cleaned.csv')
X_census = df_census.iloc[:, :-1]
y_census = df_census.iloc[:, -1]
```

　　（2）定义一个新的分类函数，该函数使用 cross_val_score 作为输入的机器学习模型，并输出平均评分，类似于本章前面定义的回归函数。代码如下：

```
def classification_model(model):
    scores = cross_val_score(model, X_census, y_census,
        scoring='accuracy', cv=kfold)
    return scores.mean()
```

　　（3）使用 XGBClassifier，以 booster='gbtree' 和 booster= 'dart' 分两次调用该函数以比较结果。注意，由于数据集较大，运行时间会较长。过程如下：

　　● 使用 booster = 'gbtree' 调用 XGBClassifier，代码如下：

```
classification_model(XGBClassifier(booster='gbtree'))
```

　　评分如下：

```
0.8701208195968675
```

　　● 使用 booster ='dart' 调用 XGBClassifier，代码如下：

```
classification_model(XGBClassifier(booster='dart')
```

评分如下：

```
0.8701208195968675
```

对于所有 16 位精度评分，DART 给出了与 gbtree 完全相同的结果。上述过程中，无法确定是否已经剪枝了决策树，或者剪枝决策树对结果没有任何影响。

可以调整超参数以确保树被剪枝，但首先学习 DART 如何与 gblinear 相比。通过使用 sigmoid 函数来缩放权重，gblinear 也适用于分类。

（1）用 XGBClassifier 调用 classification_model 函数，并设置 booster='gblinear'：

```
classification_model(XGBClassifier(booster='gblinear'))
```

评分如下：

```
0.8501275704120015
```

可见，这个线性基学习器的表现不如树状基学习器好。

（2）进行 gblinear 与逻辑回归的比较。由于数据集很大，最好将逻辑回归的 max_iter 超参数从 100 调整为 1000，以便允许更多时间进行收敛，并消除警告。在这种情况下，通过增加 max_iter 可以提高准确性，代码如下：

```
classification_model(LogisticRegression(max_iter=1000))
```

评分如下：

```
0.8008968643699182
```

此时，gblinear 仍然明显优于逻辑回归。值得强调的是，XGBoost 的分类中 gblinear 选项提供了一种可行的替代逻辑回归的方法。

现在，已经了解了 DART 作为基学习器与 gbtree 和 gblinear 的比较情况。接下来修改 DART 的超参数。

8.3.3　DART 超参数

DART 包括所有 gbtree 超参数以及自身的一组附加超参数，旨在调整丢弃树的百分比、频率和概率。有关详细信息参见 XGBoost 文档。

下面总结了 XGBoost 中适用于 DART 的特有的超参数。

1. sample_type

sample_type 的选项包括：uniform，它以均匀方式丢弃树；weighted，它按其权重比例丢弃树。参数说明如下。

（1）默认值："uniform"。

（2）范围：["uniform", "weighted"]。

（3）确定如何选择已丢弃的树。

2. normalize_type

normalize_type 的选项包括：tree，其中新树具有与已丢弃的树相同的权重；forest，其中新树具有与已丢弃的树的总和相同的权重。参数说明如下。

（1）默认值："tree"。

（2）范围：["tree", "forest"]。

（3）按已丢弃的树计算树的权重。

3. rate_drop

rate_drop 允许用户设置百分比方式丢弃树的数量。参数说明如下。

（1）默认值：0.0。

（2）范围：[0.0, 1.0]。

（3）被丢弃的树的百分比。

4. one_drop

当设置为 1 时，one_drop 确保在提升迭代中始终丢弃至少一棵树。参数说明如下。

（1）默认值：0。

（2）范围：[0, 1]。

（3）用于确保树被丢弃。

5. skip_drop

skip_drop 定义完全跳过丢弃的概率。在官方文档中，XGBoost 定义的 skip_drop 优先级高于 rate_drop 或 one_drop。默认情况下，每棵树都以相同的概率被丢弃，因此可能会在给定的提升迭代中没有丢弃任何一棵树。skip_drop 允许更新此概率以控制丢弃迭代的数量。参数说明如下。

（1）默认值：0.0。

（2）范围：[0.0, 1.0]。

（3）跳过丢弃的概率。

现在修改 DART 的超参数来区分评分。

8.3.4 修改 DART 超参数

为了确保每轮提升中至少有一棵树被丢弃,可以设置 one_drop=1。现在通过 classification_model 函数在人口普查数据集上执行此操作,具体如下:

```
classification_model(XGBClassifier(booster='dart', one_drop=1))
```

结果如下:

```
0.8718714338474818
```

这是一个精度为十分之一的改进,表明每轮提升至少丢弃一棵树是有好处的。

通过删除树来更改评分,返回较小且更快的糖尿病数据集以修改其余的超参数,步骤如下。

(1)使用 regression_model 函数,将 sample_type 从 uniform 更改为 weighted,代码如下:

```
regression_model(XGBRegressor(booster='dart',
objective='reg:squarederror', sample_type='weighted')
```

评分如下:

```
65.96444746130739
```

这比先前的 gbtree 模型评分高 0.002。

(2)将 normalize_type 更改为 forest 以在更新权重时包括树的总和,代码如下:

```
regression_model(XGBRegressor(booster='dart',
objective='reg:squarederror', normalize_type='forest')
```

评分如下:

```
65.96444746130739
```

评分没有变化,这种情况可能会在浅层数据集中发生。

(3)将 one_drop 更改为 1,确保每个提升轮中至少丢弃一棵树,代码如下:

```
regression_model(XGBRegressor(booster='dart',
objective='reg:squarederror', one_drop=1))
```

评分如下：

```
61.81275131335009
```

这是一个明显的改进，获得了 4 个点左右的提升。

在 rate_drop 方面，grid_search 函数可以指定多个数值来确定要丢弃的树的百分比，代码如下：

```
grid_search(params={'rate_drop':[0.01, 0.1, 0.2, 0.4]},
reg=XGBRegressor(booster='dart',
objective='reg:squarederror', one_drop=1))
```

结果如下：

```
Best params: {'rate_drop': 0.2}
Best score: 61.07249602732062
```

这是迄今为止最好的结果。

可以使用相似的方法来定义 skip_drop，以下代码给出了一棵给定的树不被丢弃的概率：

```
grid_search(params={'skip_drop':[0.01, 0.1, 0.2, 0.4]},
reg=XGBRegressor(booster='dart',objective='reg:squarederror')
```

结果如下：

```
Best params: 62.879753748627635
Best score: {'skip_drop: 0.1}
```

这是一个不错的评分，但是 skip_drop 并没有带来实质性的提高。现在明白了 DART 是如何工作的，接下来分析所得到的结果。

8.3.5　DART 分析

DART 是 XGBoost 框架的一个有力选项。由于 DART 接受所有 gbtree 的超参数，所以在修改超参数时很容易将基学习器从 gbtree 改为 DART。实际上，它的优点在于可以尝试新的超参数，包括 one_drop、rate_drop、normalize 等，以比较是否可以获得额外的收益。在研究和使用 XGBoost 进行模型构建时，DART 是十分值得尝试的基学习器。

现在已经对 DART 有了很好的理解，下面来介绍随机森林。

8.4　寻找 XGBoost 随机森林

在 XGBoost 中实现随机森林有两种方法：第一种是使用随机森林作为基学习器；第二种是使用 XGBoost 的原始随机森林，即 XGBRFRegressor 和 XGBRFClassifier。以下从固有方法（即以随机森林作为基学习器）开始。

8.4.1　将随机森林作为基学习器使用

框架没有提供将提升超参数设置为随机森林的选项，但是可以将超参数 num_parallel_tree 从默认值 1 增加到更大的值，从而将 gbtree（或 DART）转换为提升随机森林。每轮提升不再由一棵树组成，而是由多棵并行的树组成的森林。

以下是 XGBoost 超参数 num_parallel_tree 的概述。num_parallel_tree 给出了每轮提升过程中建立的树的数量，其值一般大于 1。参数说明如下。

（1）默认值：1。

（2）范围：[1, inf)。

（3）给出并行提升的树的数量。

（4）值大于 1 将提升转换为随机森林。

通过在每个轮次中包含多棵树，基学习器不再是一棵树，而是一片森林。由于 XGBoost 包含与随机森林相同的超参数，当 num_parallel_tree 大于 1 时，基学习器被归类为随机森林是比较适当的。

下面介绍 XGBoost 随机森林基学习器在实践中的使用方法，步骤如下。

（1）使用 XGBRegressor 调用 regression_model，并设置 booster= 'gbtree' 和 num_parallel_tree=25，这意味着每个提升轮由 25 棵树的森林组成，代码如下：

```
regression_model(XGBRegressor(boost='gbtree',
objective='reg:squarederror', num_parallel_tree=25))
```

评分如下：

```
65.96604877151103
```

评分很不错，在这种情况下，它几乎与提升单个 gbtree 结果相同。原因是梯度提升被设计为从先前树的错误中学习。通过从强大的随机森林开始，可以学到的东西很少，而且收益是微不足道的。

梯度提升算法的强大之处在于其学习过程。因此，尝试使用更小的 num_parallel_tree 值（如 5）是比较合理的。

（2）在同一个回归模型中设置 num_parallel_tree=5，代码如下：

```
regression_model(XGBRegressor(boost='gbtree',
objective='reg:squarederror', num_parallel_tree=5))
```

评分如下：

```
65.96445649315855
```

从技术上讲，这个评分比 25 棵树的森林产生的评分好了 0.002。尽管改善不是很大，但一般来说，在构建 XGBoost 随机森林时，较小的 num_parallel_tree 值更好。

现在，已经了解了如何在 XGBoost 中将随机森林作为基学习器。下面将构建原始 XGBoost 模型的随机森林。

8.4.2　作为 XGBoost 模型的随机森林

除了 XGBRegressor 和 XGBClassifier 之外，XGBoost 还提供了 XGBRFRegressor 和 XGBRFClassifier 来构建随机森林。根据官方的 XGBoost 文档的介绍，随机森林 scikit-learn 包装器仍处于实验阶段，其默认参数可能随时会被改变。在 2020 年，XGBRFRegressor 和 XGBRFClassifier 的默认参数如下。

1. n_estimators

当使用 XGBRFRegressor 或 XGBRFClassifier 构建随机森林时，应使用 n_estimators 而不是 num_parallel_tree。注意，当使用 XGBRFRegressor 和 XGBRFClassifier 时，不是在进行梯度提升，而是像传统随机森林那样，只在一轮中对树进行装袋。参数说明如下。

（1）默认值：100。

（2）范围：[0, inf)。

（3）自动转换为 num_parallel_tree 以用于随机森林。

2. learning_rate

learning_rate 通常用于模型学习，包括 boosters，但不适用于 XGBRFRegressor 或 XGBRFClassifier，因为它们仅包含一轮树。尽管如此，将 learning_rate 从 1 改变将改变评分，所以一般不建议修改这个超参数。参数说明如下。

（1）默认值：1。

（2）范围：[0, 1]。

3. subsample, colsample_by_node

scikit-learn 的随机森林默认将这两个参数设置为 1，使得默认的 XGBRFRegressor 和 XGBRFClassifier 模型不容易过拟合。这也是 XGBoost 和 scikit-learn 随机森林默认实现之间的主要区别。参数说明如下。

（1）默认值：0.8。

（2）范围：[0, 1]。

（3）降低这些参数有助于防止过拟合。

下面介绍 XGBoost 随机森林在实践中的使用方式。

（1）将 XGBRFRegressor 放入 regression_model 函数，代码如下：

```
regression_model(XGBRFRegressor(objective='reg:squarederror'))
```

评分如下：

```
59.447250741400595
```

这个评分比之前介绍的 gbtree 模型略好，但比本章中最好的线性模型稍差一些。

（2）作为比较，将 RandomForestRegressor 放入同一函数中，代码如下：

```
regression_model(RandomForestRegressor())
```

评分如下：

```
59.46563031802505
```

这个评分略差于 XGBRFRegressor。

现在，使用更大的人口普查数据集来比较 XGBoost 随机森林和 scikit-learn 标准随机森林的表现，具体步骤如下。

（1）将 XGBRFClassifier 放入 classification_model 函数中，以查看它对用户收入的预测表现如何，代码如下：

```
classification_model(XGBRFClassifier())
```

评分如下：

```
0.856085650471878
```

这是一个不错的评分，略低于先前的 gbtree 模型，它之前给出了 87% 的评分。

（2）现在将 RandomForestClassifier 放入同一函数中以比较结果，代码如下：

```
classification_model(RandomForestClassifier())
```

评分如下：

```
0.8555328202034789
```

这比 XGBoost 实现略差一些。

由于 XGBoost 的随机森林还处于发展阶段，实验就到此为止，接下来分析实验结果。

8.4.3　分析 XGBoost 随机森林

通过将 num_parallel_tree 增加到大于 1 的值来随时尝试将随机森林作为 XGBoost 基学习器。不过，正如本节中所看到的，提升是为了从弱模型而非强模型中学习，num_parallel_tree 的值应该保持接近 1。随机森林作为基学习器应该谨慎使用。如果提升单棵树无法产生最优评分，则可以考虑使用随机森林作为基学习器。

另外，可以将 XGBoost 随机森林的 XGBRFRegressor 和 XGBRFClassifier 作为 scikit-learn 随机森林的备选方案。

尽管结果非常接近，但 XGBoost 的新 XGBRFRegressor 和 XGBRFClassifier 表现优于 scikit-learn 的 RandomForestRegressor 和 RandomForestClassifier。考虑到 XGBoost 在机器学习社区的整体成功，使用 XGBRFRegressor 和 XGBRFClassifier 作为可行的选择肯定是值得的。

8.5　总结

本章通过将所有 XGBoost 基学习器（包括 gbtree、DART、gblinear 和随机森林）应用于回归和分类数据集，大大扩展了 XGBoost 的应用范围。通过学习、应用和调整基学习器独特的超参数来提高分类评分。此外，还尝试了使用线性方法构建的数据集进行 gblinear 实验，并使用 XGBRFRegressor 和 XGBRFClassifier 构建 XGBoost 随机森林而没有使用任何提升方法。现在已经学习并使用了所有基学习器，对 XGBoost 应用范围的理解已经达到了高级水平。

第 9 章　XGBoost Kaggle 大师

本章将从使用 XGBoost 赢得 Kaggle 比赛的 Kaggle 大师那里学习宝贵的经验和技巧。虽然本章内容的目的并不在于参加 Kaggle 比赛，但所讲述的技能可以适用于建立更强大的机器学习模型。具体而言，本章将介绍为什么额外的保留集至关重要，如何使用均值编码进行数据新列的特征工程，如何实现 VotingClassifier 和 VotingRegressor 构建不相关的机器学习集成，以及堆叠最终模型的优点。

本章主要内容如下：

（1）探索 Kaggle 竞赛；

（2）工程新列；

（3）构建非相关集成；

（4）堆叠模型。

9.1　探索 Kaggle 竞赛

我只用了 XGBoost，虽然也试过其他的，但它们都不是太好，所以没有加入最后的集成方案中。

——Kaggle 获胜者 Qingchen Wang

本节将通过回顾 Kaggle 竞赛的简要历史、竞赛结构以及保留/测试集与验证/测试集的重要性来了解这项竞赛。

9.1.1　Kaggle 竞赛中的 XGBoost

XGBoost 因在 Kaggle 竞赛中表现非凡而成为领先的机器学习算法。另外，XGBoost 还经常与深度学习模型如神经网络一起组合使用成为获胜方案。XGBoost Kaggle 竞赛获奖者的一些示例显示在分布式（深度）机器学习社区网页上。要想了解更多的 XGBoost Kaggle 竞赛获奖者所用的模型，可以去 Kaggle 官网上查看竞赛的获胜方案来加以研究。

> **注意**
> 虽然 XGBoost 经常出现在获奖方案中，但有时也会用到其他机器学习模型。

正如第 5 章所提到的，在 Kaggle 比赛中，机器学习从业者相互比拼，以获得尽可能高的评分并赢得奖金。当 XGBoost 在 2014 年的希格斯玻色子机器学习挑战赛中脱颖而出时，它立即跃升成为 Kaggle 比赛中最受欢迎的机器学习算法之一。

2014—2018 年，XGBoost 在表格数据方面的表现始终优于竞争对手。表格数据是按行和列组织的数据，与图像或文本等非结构化数据形成对比，神经网络在处理后者中具有优势。随着微软在 2017 年推出了具有速度优势的梯度提升框架 LightGBM，XGBoost 终于在表格数据方面面临真正的竞争。

要想简单了解 LightGBM，可以参考这篇由 8 位作者共同撰写的介绍性论文：*LightGBM: A Highly Efficient Gradient Boosting Decision Tree*。

在 Kaggle 比赛中，仅仅实现诸如 XGBoost 或 LightGBM 等优秀的机器算法是不够的。同样，微调模型的超参数通常也是不够的。尽管个别模型的预测结果很重要，但构建新数据和合并最优模型以获得更高评分同样重要。

9.1.2　Kaggle 竞赛的结构

理解了 Kaggle 竞赛的结构，就会对非相关集成构建和堆叠等技术的普遍性应用有更深的认识。此外，探究 Kaggle 竞赛的结构，也有助于读者在今后更有信心地参加 Kaggle 竞赛。

> **提示**
> 对于希望从基础知识过渡到高级竞赛的机器学习学生，Kaggle 建议是先试试这个竞赛：Housing Prices: Advanced Regression Techniques。这是众多不提供现金奖励的知识竞赛之一。

Kaggle 网站上有各种各样的竞赛。包括 Owen Zhang 在内的几位 XGBoost Kaggle 竞赛获奖者都是 2015 年的选手，这表明早于陈天奇于 2016 年发表那篇里程碑式论文之前，XGBoost 就已在一定范围内应用了。

图 9.1 是 Avito Context Ad Clicks 竞赛页面的截图。

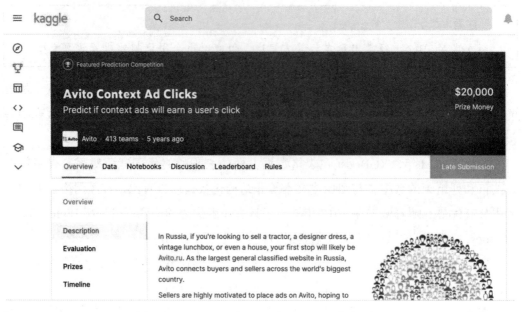

图 9.1　Avito Context Ad Clicks Kaggle 竞赛页面

此概述页面对该竞赛的解释如下：

（1）Overview（用蓝色标出）旁边就是 Data 链接，通过它可以访问比赛数据。

（2）Notebooks，参赛者可在其中发布解决方案和入门笔记本。

（3）Discussion，参赛者可发布和回答问题。

（4）Leaderboard，显示最高评分。

（5）Rules，解释了比赛的规则。

（6）注意到最右侧的 Late Submission 链接，该链接表明即使竞赛已经结束，提交仍然可以被接收，这是 Kaggle 的通常政策。

为了下载数据，需要注册免费账户并参加比赛。数据通常被分成两个数据集：用于构建模型的训练集 training.csv，和用于评估模型评分的测试集 test.csv。提交模型后，将在公共排名榜上获得一定评分。在比赛结束时，参赛者需提交最终模型，并针对私有测试数据集进行评估，以确定获胜方案。

9.1.3　保留集（hold-out set）

为 Kaggle 比赛构建的模型与独立项目中构建的模型有所区别。到目前为止，数据集已经分为训练集和测试集，以确保模型具有良好的泛化能力。然而，在 Kaggle 竞赛中，模型必须在竞争环境中进行测试。因此，来自测试集的数据仍然是隐藏的。

以下是 Kaggle 竞赛中的训练集和测试集的区别。

（1）training.csv：这是训练和给模型打分的地方。应该将这个训练集分割成独立的训练集和测试集，使用 train_test_split 或 cross_val_score 来构建能够良好泛化至新数据的模型。训练期间使用的测试集通常称为验证集，因为它们用于验证模型。

（2）test.csv：这是一个单独的保留集。只有在准备好最终模型并需要对其从未见过的数据进行测试时，才会使用这种隐藏测试集。它的目的是保持比赛的完整性。测试数据对参赛者是隐藏的，结果只有在参赛者提交模型后才会显示。

为某些研究或行业构建模型时，保留测试始终是一个好习惯。当某模型使用已经出现的数据进行测试时，该模型就会有过拟合测试集的风险，这种可能性在 Kaggle 比赛中经常出现，因为竞争者十分在意他们在排行榜上的排名，哪怕是很小的提升都令其兴奋不已。

Kaggle 竞赛与现实世界在保留集这方面有所交集。构建机器学习模型的目的是使用未知数据进行准确预测。如果一个模型在训练集上给出了 100% 的准确率，但在未知数据上只给出了 50% 的准确率，那么这个模型基本上毫无价值。在计算机领域中，验证模型的测试集和测试模型的保留集之间的区别非常重要。以下是自行验证和测试机器学习模型的一般方法：

（1）将数据分割为训练集和保留集。先不使用保留集。

（2）将上一步中的训练集划分为训练子集和测试子集，或者直接使用交叉验证。在训练集上拟合新模型并验证，反复迭代以提高评分。

（3）在获得最终模型后，将其在保留集上进行测试，这才是对模型的真正考验。如果评分低于预期，则返回步骤（2）并重复。重要提示：不要使用保留集来回调整超参数。当发生这种情况时，模型正在调整自己以匹配验证集，这就破坏了保留集的本意。

在 Kaggle 比赛中，将机器学习模型调整得过于接近测试集是行不通的。Kaggle 竞赛通常会将测试集分为公共和私有两部分。公共测试集为参赛者提供了一个机会，可以评分他们的模型并加以改进，同时调整并重新提交。私有测试集直到比赛的最后一天才会公开。尽管公开测试集的排名会显示出来，但比赛获胜者则是根据未公开测试集的评分结果来判定的。

在 Kaggle 比赛中获胜，需要在私有测试集上获得最佳评分，每一个百分点都很重要。对于这种精度的苛求，有时会受到行业的嘲笑，但这促进了机器学习方法的创新。了解本章所介绍的这些技术，读者可以使模型更加强大，对机器学习的整体理解会更加深入。

9.2 工程新列

我几乎总能找到开源代码来完成任务,从而可以更好地用于研究和特征工程。

——Kaggle 获胜者 Owen Zhang

许多 Kaggle 用户和数据科学家都承认在研究和特征工程上花费了大量时间。本节将使用 pandas 对数据进行工程处理,生成新的数据列。

9.2.1 什么是特征工程?

机器学习模型的好坏取决于它们训练时所用的数据。当数据不足时,强大的机器学习模型是不可能实现的。一个更具启示性的问题是:数据能否被改进?当从其他列中提取新数据时,这些新数据列被称为工程化数据。特征工程是从原始列数据中开发新列数据的过程。问题不在于是否应该实施特征工程,而在于应该实施多少特征工程。

接下来在一个数据集上实践特征工程,该数据集预测 Uber 和 Lyft 的车费。

9.2.2 Uber 和 Lyft 的数据集

除举办比赛外,Kaggle 还托管大量数据集,包括以下公共数据集,用以预测 Uber 和 Lyft 出租车价格。

(1)导入本节所需的所有库和模块并消除警告,代码如下:

```
import pandas as pd
import numpy as np
from sklearn.model_selection import cross_val_score
from xgboost import XGBClassifier, XGBRFClassifier
from sklearn.ensemble import RandomForestClassifier,
StackingClassifier
from sklearn.linear_model import LogisticRegression
from sklearn.model_selection import train_test_split,
StratifiedKFold
from sklearn.metrics import accuracy_score
from sklearn.ensemble import VotingClassifier
import warnings
warnings.filterwarnings('ignore')
```

(2)加载 'cab_rides.csv' 文件并查看数据集。为加快计算速度,将行数限制在 10 000 行以内。总共有超过 60 万行,代码如下:

```
df = pd.read_csv('cab_rides.csv', nrows=10000)
df.head()
```

图 9.2 是出租车乘车记录数据集。

	distance	cab_type	time_stamp	destination	source	price	surge_multiplier	id	product_id	name
0	0.44	Lyft	1544952607890	North Station	Haymarket Square	5.0	1.0	424553bb-7174-41ea-aeb4-fe06d4f4b9d7	lyft_line	Shared
1	0.44	Lyft	1543284023677	North Station	Haymarket Square	11.0	1.0	4bd23055-6827-41c6-b23b-3c491f24e74d	lyft_premier	Lux
2	0.44	Lyft	1543366822198	North Station	Haymarket Square	7.0	1.0	981a3613-77af-4620-a42a-0c0866077d1e	lyft	Lyft
3	0.44	Lyft	1543553582749	North Station	Haymarket Square	26.0	1.0	c2d88af2-d278-4bfd-a8d0-29ca77cc5512	lyft_luxsuv	Lux Black XL
4	0.44	Lyft	1543463360223	North Station	Haymarket Square	9.0	1.0	e0126e1f-8ca9-4f2e-82b3-50505a09db9a	lyft_plus	Lyft XL

图 9.2 出租车乘车记录数据集

图 9.2 显示了范围广泛的列，包括分类特征和时间戳。

1. 空值

像往常一样，在进行任何计算之前，检查是否有空值。

（1）df.info() 也提供了有关列类型的信息：

```
df.info()
```

输出如下：

```
<class 'pandas.core.frame.DataFrame'>
RangeIndex: 10000 entries, 0 to 9999
Data columns (total 10 columns):
 #   Column            Non-Null Count   Dtype
---  ------            --------------   -----
 0   distance          10000 non-null   float64
 1   cab_type          10000 non-null   object
 2   time_stamp        10000 non-null   int64
 3   destination       10000 non-null   object
 4   source            10000 non-null   object
 5   price             9227 non-null    float64
 6   surge_multiplier  10000 non-null   float64
 7   id                10000 non-null   object
 8   product_id        10000 non-null   object
 9   name              10000 non-null   object
dtypes: float64(3), int64(1), object(6)
memory usage: 781.4+ KB
```

正如输出中看到的，price 列中存在空值，因为非空浮点数少于 10 000 个。

（2）检查空值，查看是否可以获得有关数据的更多信息，代码如下：

```
df[df.isna().any(axis=1)]
```

输出出租车乘坐记录数据集中的空值，如图 9-3 所示。

	distance	cab_type	time_stamp	destination	source	price	surge_multiplier	id	product_id	name
18	1.11	Uber	1543673584211	West End	North End	NaN	1.0	fa5fb705-03a0-4eb9-82d9-7fe80872f754	8cf7e821-f0d3-49c6-8eba-e679c0ebcf6a	Taxi
31	2.48	Uber	1543794776318	South Station	Beacon Hill	NaN	1.0	eee70d94-6706-4b95-a8ce-0e34f0fa8f37	8cf7e821-f0d3-49c6-8eba-e679c0ebcf6a	Taxi
40	2.94	Uber	1543523885298	Fenway	North Station	NaN	1.0	7f47ff53-7cf2-4a6a-8049-83c90e042593	8cf7e821-f0d3-49c6-8eba-e679c0ebcf6a	Taxi
60	1.16	Uber	1544731816318	West End	North End	NaN	1.0	43abdbe4-4b9e-4f39-afdc-31cfa375dc25	8cf7e821-f0d3-49c6-8eba-e679c0ebcf6a	Taxi
69	2.67	Uber	1543583283653	Beacon Hill	North End	NaN	1.0	80db1c49-9d51-4575-a4f4-1ec23b4d3e31	8cf7e821-f0d3-49c6-8eba-e679c0ebcf6a	Taxi

图 9-3   出租车乘坐记录数据集中的空值

如图 9.3 所示，这些行没有什么特别明显的地方。'price' 列空值表示可能从未记录过乘车价格。

（3）因为 'price' 是目标列，所以可以使用 inplace=True 参数使用 dropna 删除这些行，以确保在 DataFrame 中进行删除，代码如下：

```
df.dropna(inplace=True)
```

用户可以通过再次使用 df.na() 或 df.info() 来验证是否存在空值。

2. 特征工程时间列

时间戳列通常表示 UNIX 时间，即自 1970 年 1 月 1 日以来经过的毫秒数。可以从时间戳列中提取特定的时间数据，这可以帮助预测出租车费用，例如月份、一天中的时间、是否是高峰期等。

（1）使用 pd.to_datetime 将时间戳列转换为时间对象，然后查看数据集，代码如下：

```
df['date'] = pd.to_datetime(df['time_stamp'])
df.head()
```

图 9.4 是转换时间戳后的出租车乘坐记录数据集的输出。

	distance	cab_type	time_stamp	destination	source	price	surge_multiplier	id	product_id	name	date
0	0.44	Lyft	1544952607890	North Station	Haymarket Square	5.0	1.0	424553bb-7174-41ea-aeb4-fe06d4f4b9d7	lyft_line	Shared	1970-01-01 00:25:44.952607890
1	0.44	Lyft	1543284023677	North Station	Haymarket Square	11.0	1.0	4bd23055-6827-41c6-b23b-3c491f24e74d	lyft_premier	Lux	1970-01-01 00:25:43.284023677
2	0.44	Lyft	1543366822198	North Station	Haymarket Square	7.0	1.0	981a3613-77af-4620-a42a-0c0866077d1e	lyft	Lyft	1970-01-01 00:25:43.366822198
3	0.44	Lyft	1543553582749	North Station	Haymarket Square	26.0	1.0	c2d88af2-d278-4bfd-a8d0-29ca77cc5512	lyft_luxsuv	Lux Black XL	1970-01-01 00:25:43.553582749
4	0.44	Lyft	1543463360223	North Station	Haymarket Square	9.0	1.0	e0126e1f-8ca9-4f2e-82b3-50505a09db9a	lyft_plus	Lyft XL	1970-01-01 00:25:43.463360223

图 9.4   转换时间戳后的出租车乘坐记录数据集

这些数据是有问题的。Lyft 和 Uber 在 1970 年并不存在。额外的小数位表明转换不正确。

（2）在尝试了几个乘数以进行适当的转换后，发现 10 ** 6 可以得到合适的结果。

```
df['date'] = pd.to_datetime(df['time_stamp']*(10**6))
df.head()
```

图 9.5 是 'date' 转换后的出租车乘坐记录数据集的输出结果。

	distance	cab_type	time_stamp	destination	source	price	surge_multiplier	id	product_id	name	date
0	0.44	Lyft	1544952607890	North Station	Haymarket Square	5.0	1.0	424553bb-7174-41ea-aeb4-fe06d4f4b9d7	lyft_line	Shared	2018-12-16 09:30:07.890
1	0.44	Lyft	1543284023677	North Station	Haymarket Square	11.0	1.0	4bd23055-6827-41c6-b23b-3c491f24e74d	lyft_premier	Lux	2018-11-27 02:00:23.677
2	0.44	Lyft	1543366822198	North Station	Haymarket Square	7.0	1.0	981a3613-77af-4620-a42a-0c0866077d1e	lyft	Lyft	2018-11-28 01:00:22.198
3	0.44	Lyft	1543553582749	North Station	Haymarket Square	26.0	1.0	c2d88af2-d278-4bfd-a8d0-29ca77cc5512	lyft_luxsuv	Lux Black XL	2018-11-30 04:53:02.749
4	0.44	Lyft	1543463360223	North Station	Haymarket Square	9.0	1.0	e0126e1f-8ca9-4f2e-82b3-50505a09db9a	lyft_plus	Lyft XL	2018-11-29 03:49:20.223

图 9.5　在 'date' 转换后的出租车乘坐记录数据集

（3）使用日期时间列，可以在导入日期时间后提取新列，如月、小时和星期几，如下所示：

```
import datetime as dt
df['month'] = df['date'].dt.month
df['hour'] = df['date'].dt.hour
df['dayofweek'] = df['date'].dt.dayofweek
```

现在，可以使用这些列来设计更多列，如是周末还是高峰期。

（4）根据官方文档，以下函数可以通过检查 'dayofweek' 是否等同于 5 或 6 来确定一周中的某一天是否为周末，代码如下：

```
def weekend(row):
    if row['dayofweek'] in [5,6]:
        return 1
    else:
        return 0
```

（5）将该函数应用于 DataFrame，作为一个新的列 df['weekend']，如下所示：

```
df['weekend'] = df.apply(weekend, axis=1)
```

（6）可以实施相同的策略来创建高峰时间列，方法是查看该时间是否在上午 6—10 点（6—10 点）和下午 3—7 点（15—19 点），代码如下：

```
def rush_hour(row):
    if (row['hour'] in [6,7,8,9,15,16,17,18]) &(row['weekend'] == 0):
        return 1
    else:
        return 0
```

（7）将该函数应用于新的 'rush_hour' 列，代码如下：

```
df['rush_hour'] = df.apply(rush_hour, axis=1)
```

（8）最后五行显示新列的变化，如 df.tail() 所示：

```
df.tail()
```

图 9.6 是特征工程后的出租车乘坐记录数据集。

me_stamp	destination	source	price	surge_multiplier	id	product_id	name	date	month	hour	dayofweek	weekend	rush_hour
04379037	Fenway	North Station	11.5	1.0	934d2fbe-f978-4495-9786-da7b4dd21107	997acbb5-e102-41e1-b155-9df7de0a73f2	UberPool	2018-11-29 15:12:59.037	11	15	3	0	1
00477997	Fenway	North Station	26.0	1.0	af8fd57c-fe7c-4584-bd1f-beef1a53ad42	6c84fd89-3f11-4782-9b50-97c468b19529	Black	2018-12-03 01:27:57.997	12	1	0	0	0
07083241	Fenway	North Station	19.5	1.0	b3c5db97-554b-47bf-908b-3ac880e86103	6f72dfc5-27f1-42e8-84db-ccc7a75f6969	UberXL	2018-11-28 12:11:23.241	11	12	2	0	0
96813623	Fenway	North Station	36.5	1.0	fcb35184-9047-43f7-8909-f62a7b17b6cf	6d318bcc-22a3-4af6-bddd-b409bfce1546	Black SUV	2018-12-15 18:00:13.623	12	18	5	1	0
12781166	Theatre District	Northeastern University	7.0	1.0	7f0e8caf-e057-41eb-bdef-27eb14c88122	lyft_line	Shared	2018-12-03 04:53:01.166	12	4	0	0	0

图 9.6　特征工程后的出租车乘坐记录数据集

可以继续提取和处理新的时间列。

> **注意**
> 在设计许多新列时，需要检查新特征是否强相关。数据的相关性将在本章后续部分探讨。

接下来对分类列进行特征工程。

3. 特征工程中的分类列处理

1.4.2 节使用 pd.get_dummies 将分类列转换为数值列。scikit-learn 的 OneHotEncoder 函数是另一个选项，旨在使用稀疏矩阵将分类数据转换为 0 和 1，第 10 章将应用该技术。虽然使用这两个选项将分类数据转换为数值数据是标准做法，但也存在其他选择。虽然 0 和 1 在分类列中作为数值是有意义的，因为 0 表示不存在，1 表示存在，但其他数值可能会产生更好的结果。一种策略是将分类列转换为其频率，即在给定列中每个类别出现的百分比。因此，不是按列显示每个类别，而是将每个类别转换为其占该列的百分比。

接下来是将分类值转换为数值的步骤。

要设计一个分类列，例如 'cab_type'，首先查看每个类别的值的数量：

（1）使用 .value_counts() 函数查看类型的频率，代码如下：

```
df['cab_type'].value_counts()
```

结果如下：

```
Uber    4654
Lyft    4573
Name: cab_type, dtype: int64
```

（2）使用 groupby 函数将计数放在新列中。df.groupby(column_name) 是 groupby，而 [column_name].transform 指定要转换的列后面是括号中的聚合，代码如下：

```
df['cab_freq'] =df.groupby('cab_type')['cab_type']
.transform('count')
```

（3）将新列除以总行数以获得频率，代码如下：

```
df['cab_freq'] = df['cab_freq']/len(df)
```

（4）验证是否按预期进行了更改，代码如下：

```
df.tail()
```

图 9.7 是设计出租车频率后的出租车乘坐记录数据集。

destination	source	price	surge_multiplier	id	product_id	name	date	month	hour	dayofweek	weekend	rush_hour	cab_freq
Fenway	North Station	11.5	1.0	934d2fbe-f978-4495-9786-da7b4dd21107	997acbb5-e102-41e1-b155-9df7de0a73f2	UberPool	2018-11-29 15:12:59.037	11	15	3	0	1	0.504389
Fenway	North Station	26.0	1.0	af8fd57c-fe7c-4584-bd1f-beef1a53ad42	6c841d89-3f11-4782-9b50-97c468b19529	Black	2018-12-03 01:27:57.997	12	1	0	0	0	0.504389
Fenway	North Station	19.5	1.0	b3c5db97-554d-47bf-908b-3ac880e86103	6f72dfc5-27f1-42e8-84db-ccc7a75f6969	UberXL	2018-11-28 12:11:23.241	11	12	2	0	0	0.504389
Fenway	North Station	36.5	1.0	fcb35184-9047-43f7-8909-f62a7b17b6cf	6d318bcc-22a3-4af6-bddd-b409bfce1546	Black SUV	2018-12-15 18:00:13.623	12	18	5	1	0	0.504389
Theatre District	Northeastern University	7.0	1.0	7f0e8caf-e057-41eb-bdef-27eb14c88122	lyft_line	Shared	2018-12-03 04:53:01.166	12	4	0	0	0	0.495611

图 9.7　设计出租车频率后的出租车乘坐记录数据集

由图 9.7 可知，现在出租车频率显示了预期的输出。

4. Kaggle 技巧：均值编码

本节结束时将介绍一个经过 Kaggle 竞赛验证的特征工程方法，称为均值编码或目标编码。

均值编码（Mean Encoding）将分类列转换为数值列，基于目标变量的均值计算而来。例如，橙色导致 7 个目标值为 1，3 个目标值为 0，则平均编码列为 7/10 = 0.7。由于在使用目标值时存在数据泄漏，因此需要采用额外的正则化技术。

数据泄漏容易发生在训练集和测试集之间，或者预测列和目标列之间共享信息的情况下。这里的风险是指目标列被直接用于影响预测列，这在机器学习中通常比较糟糕。尽管如此，均值编码已被证明可以产生出色的结果。当数据集深入并且平均值的分布近似相同时，它可以正常工作。正则化是为减少过拟合的可能性而采取的额外预防措施。

幸运的是，scikit-learn 提供了 TargetEncoder 来为处理均值转换，步骤如下：

（1）从 category_encoders 导入 TargetEndoder。如果这不起作用，可以使用以下代码安装 category_encoders：

```
pip install --upgrade category_encoders
from category_encoders.target_encoder import TargetEncoder
```

（2）初始化编码器，代码如下：

```
encoder = TargetEncoder()
```

（3）引入一个新列并在编码器上使用 fit_transform 方法来应用均值编码。将正在更改的列和目标列作为参数，代码如下：

```
df['cab_type_mean'] =
encoder.fit_transform(df['cab_type'], df['price'])
```

（4）验证更改是否符合预期，代码如下：

```
df.tail()
```

均值编码后的出租车乘车记录数据集如图 9.8 所示。

source	price	surge_multiplier	id	product_id	name	date	month	hour	dayofweek	weekend	rush_hour	cab_freq	cab_type_mean
North Station	11.5	1.0	934d2fbe-f978-4495-9786-da7b4dd21107	997acbb5-e102-41e1-b155-9df7de0a73f2	UberPool	2018-11-29 15:12:59.037	11	15	3	0	1	0.504389	15.743446
North Station	26.0	1.0	af8fd57c-fe7c-4584-bd1f-beef1a53ad42	6c84fd89-3f11-4782-9b50-97c468b19529	Black	2018-12-03 01:27:57.997	12	1	0	0	0	0.504389	15.743446
North Station	19.5	1.0	b3c5db97-554b-47bf-908b-3ac880e86103	6f72dfc5-27f1-42e8-84db-ccc7a75f6969	UberXL	2018-11-28 12:11:23.241	11	12	2	0	0	0.504389	15.743446
North Station	36.5	1.0	fcb35184-9047-43f7-8909-f62a7b17b6cf	6d318bcc-22a3-4af6-bddd-b409bfce1546	Black SUV	2018-12-15 18:00:13.623	12	18	5	1	0	0.504389	15.743446
theastern Jniversity	7.0	1.0	7f0e8caf-e057-41eb-bdef-27eb14c88122	lyft_line	Shared	2018-12-03 04:53:01.166	12	4	0	0	0	0.495611	16.916357

图 9.8　均值编码后的出租车乘车记录数据集

最右边的一列，即 cab_type_mean，与预期一致。

有关均值编码的更多信息，参阅 Kaggle 上的相关研究。

这里的想法并不是说均值编码比独热编码更好，而是说均值编码是一种经过验证的技术，在 Kaggle 比赛中表现出色，可能值得尝试提高评分。

5. 更多特征工程

更多特征工程可能包括使用 groupby 函数和附加编码器对其他列进行统计测量。其他分类列（例如目的地列）可以转换为纬度和经度，然后转换为新的距离测量值，如出租车距离或 Vincenty 距离，当然这会用到球面几何的知识。

在 Kaggle 比赛中，参赛者可能会设计成千上万的新列，希望获得额外几个小数位的准确性。如果有大量工程列，可以使用 .feature_importances_ 选择最重要的列，如第 2 章所述，也可以排除高度相关的列（在 9.3 节中解释）。

针对这个特定出租车乘坐数据集，还有一个附加的 CSV 文件，包含天气信息。如果没有天气文件，也可以随时根据提供的日期进行气象数据研究，然后再将气象数据包含进去即可。

特征工程是任何数据科学家建立稳健模型的基本技能。这里介绍的策略只是现存方案之一。特征工程涉及研究、实验、领域专业知识、规范列、对新列的机器学习性能进行反馈，以及最终缩小列的范围。

接下来继续构建非相关集成。

9.3　构建非相关集成

在我们的最终模型中，我们将 *XGBoost* 作为集成模型，其中包括 20 个 XGBoost 模型、5 个随机森林、6 个随机决策树模型、3 个正则化贪婪森林、3 个逻辑回归模型、

5 个 ANN 模型、3 个弹性网络模型和 1 个支持向量机模型。

——Kaggle 获胜者 Song

Kaggle 比赛的获胜模型很少是单个模型，几乎总是集成模型。这里指的是不同于提升或装袋模型的集成方法，如随机森林或 XGBoost，而是包括任何不同模型的纯集成方法，包括 XGBoost、随机森林和其他模型。

本节将把机器学习模型组合成非相关的集合，以提高准确性并减少过拟合。

9.3.1 模型范围

用于预测病人是否患有乳腺癌的威斯康星州乳腺癌数据集有 569 行和 30 列，可在 scikit-learn 网站中搜索 load_breast_cancer 下载。

以下是使用多个分类器准备数据集并对其评分的步骤。

（1）从 scikit-learn 导入 load_breast_cancer 数据集，快速构建模型，代码如下：

```
from sklearn.datasets import load_breast_cancer
```

（2）通过设置 return_X_y=True 参数，将预测列分配给 X，将目标列分配给 y，代码如下：

```
X, y = load_breast_cancer(return_X_y=True)
```

（3）使用 StratifiedKFold 准备 5 折交叉验证以确保一致性，代码如下：

```
kfold = StratifiedKFold(n_splits=5)
```

（4）构建一个简单的分类函数，将模型作为输入并返回平均交叉验证评分作为输出，代码如下：

```
def classification_model(model):
    scores = cross_val_score(model, X, y, cv=kfold)
    return scores.mean()
```

（5）获取多个默认分类器（包括 XGBoost、它的备选基学习器、随机森林和逻辑回归）的评分：

● 使用 XGBoost 评分：

```
classification_model(XGBClassifier())
```

评分如下：

```
0.9771619313771154
```

- 用 gblinear 评分：

```
classification_model(XGBClassifier(booster='gblinear'))
```

评分如下：

```
0.5782952957615277
```

- 用 DART 评分：

```
classification_model(XGBClassifier(booster='dart', one_
drop=True))
```

评分如下：

```
0.9736376339077782
```

注意，对于 DART 提升器，代码中设置了 one_drop=True，以确保树确实被丢弃。

- 用 RandomForestClassifier 评分：

```
classification_model(RandomForestClassifier(random_state=2))
```

评分如下：

```
0.9666356155876418
```

- 用 LogisticRegression 评分：

```
classification_model(LogisticRegression(max_iter=10000))
```

评分如下：

```
0.9490451793199813
```

大多数模型都表现不错，其中 XGBoost 分类器评分最高。然而，gblinear 基学习器的表现不是特别好，所以本节不会继续使用它。

在实践中，应该对这些模型进行调整。前面多个章节中已讨论过超参数调优，所以这里不再讨论这个问题。然而，了解超参数可以让人有信心尝试使用一些超参数调优后的快速模型。如以下代码所示，可以尝试在 XGBoost 上将 max_depth 降低到 2，将 n_estimators 增加到 500，并确保将 learning_rate 设置为 0.1：

```
classification_model(XGBClassifier(max_depth=2, n_estimators=500,
learning_rate=0.1))
```

评分如下:

```
0.9701133364384411
```

这是一个非常好的评分。尽管它不是最高的,但在集成模型中可能会产生价值。接下来学习它们之间的相关性。

9.3.2 相关性

本节的目的不是为集成选择所有模型,而是选择非相关的模型。

相关性是一个介于 -1 ~ 1 的统计量,表示两组点之间的线性关系的强度。相关系数为 1 表示完全呈直线关系,而相关系数为 0 则表示完全没有线性关系。

相关性可以通过示意图清晰地展现出来,如图 9.9 与图 9.10 所示。

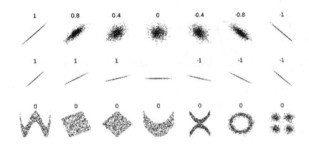

图 9.9 相关性的散点示意图

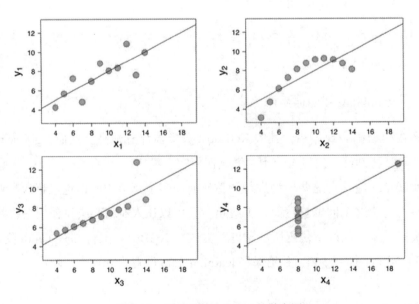

图 9.10 相关系数为 0.816 的散点图

（1）相关性的散点如图 9.9 所示。

许可信息

由 DenisBoigelot 上传，最初上传者为 Imagecreator 自行创建。

（2）Anscombe 的四重奏——四个相关系数为 0.816 的散点图，如图 9.10 所示。

许可信息

Anscombe.svg 由 Schvtz 制作；图形中下标描述部分由 Avenve 制作。

图 9.9 表明，相关性越高，点通常越接近直线。图 9.10 表明，相同相关性的数据点可能相差很大。换句话说，相关性提供了有价值的信息，但并不能说明全部情况。

现在已经解释了相关性的含义，接下来将相关性应用于构建机器学习集成中。

9.3.3　机器学习集成中的相关性

接下来选择纳入集成模型中的模型。在集成学习中，机器学习模型之间的高相关性是不可取的。考虑两个分类器的情况，每个分类器有 1000 个预测。如果这些分类器都做出相同的预测，则第二个分类器无法获得任何新信息，从而变得多余。采用多数规则的实现方式，只有当大多数分类器出错时，才能算作预测错误。因此，拥有多种评分良好但给出不同预测的模型是可取的。如果大多数模型给出相同的预测结果，那么其相关性较高，因此再添加新模型到组合模型中是没有太大价值的。在强模型可能出错的预测中发现区别，会使得集成有机会产生更好的结果。当模型非相关时，预测结果将会不同。

要计算机器学习模型之间的相关性，需要比较数据点。机器学习模型所生成的不同数据点就是它们的预测结果。获得预测后，将它们连接成一个 DataFrame，然后应用 .corr 函数一次获得所有相关性。

以下是寻找模型间的相关性的步骤。

（1）定义一个函数，返回每个模型的预测值，代码如下：

```
def y_pred(model):
    model.fit(X_train, y_train)
    y_pred = model.predict(X_test)
    score = accuracy_score(y_pred, y_test)
    print(score)
    return y_pred
```

（2）使用 train_test_split 为一次性预测准备数据。

```
X_train, X_test, y_train, y_test = train_test_split(X, y,
random_state=2)
```

（3）使用先前定义的函数获取所有分类器候选者的预测，如下所示：

- XGB 分类器使用以下方法：

```
y_pred_gbtree = y_pred(XGBClassifier())
```

准确率评分如下：

```
0.951048951048951
```

- 带有 DART 的 XGBClassifier 如下：

```
y_pred_dart = y_pred(XGBClassifier(booster='dart', one_
drop=True))
```

准确率评分如下：

```
0.951048951048951
```

- RandomForestClassifier 使用以下方法：

```
y_pred_forest = y_pred(RandomForestClassifier())
```

准确率评分如下：

```
0.9370629370629371
```

- 逻辑回归使用以下内容：

```
y_pred_logistic = y_pred(LogisticRegression(max_iter=10000))
```

准确率评分如下：

```
0.9370629370629371
```

> **注意**
> LogisticRegression 中增加了 max_iter 以防止警告（并可能获得准确性）。

- 优化 XGBClassifieruses 使用以下内容：

```
y_pred_xgb = y_pred(XGBClassifier(max_depth=2, n_
estimators=500, learning_rate=0.1))
```

精确度评分如下：

```
0.965034965034965
```

（4）使用 np.c（c 连接的简称）将预测值连接成一个新的 DataFrame，代码如下：

```
df_pred = pd.DataFrame(data= np.c_[y_pred_gbtree, y_
pred_dart, y_pred_forest, y_pred_logistic, y_pred_xgb],
columns=['gbtree', 'dart','forest', 'logistic', 'xgb'])
```

（5）使用在 DataFrame 上运行 .corr() 函数，代码如下：

```
df_pred.corr()
```

显示的各模型之间的相关性如图 9.11 所示。

	gbtree	dart	forest	logistic	xgb
gbtree	1.000000	0.971146	0.884584	0.914111	0.971146
dart	0.971146	1.000000	0.913438	0.914111	0.971146
forest	0.884584	0.913438	1.000000	0.943308	0.913438
logistic	0.914111	0.914111	0.943308	1.000000	0.914111
xgb	0.971146	0.971146	0.913438	0.914111	1.000000

图 9.11　各模型之间的相关性

图 9.11 对角线上的所有相关性均为 1.0，因为模型与其自身之间的相关性必须是完全线性的。所有其他值都相当高。

没有明确的界限来获得不相关的阈值。它最终取决于相关性和可供选择的模型数量。上例中，可以选择与最佳模型 xgb 相关性最低的后两个模型，它们是随机森林和逻辑回归。

现在已经完成了模型选择，接下来将使用 VotingClassifier 集成将它们组合成一个单一的集成模型。

9.3.4　VotingClassifier 集成

scikit-learn 的 VotingClassifier 集成旨在组合多个分类模型，并使用多数规则为每个预测选择输出。注意，scikit-learn 还附带了 VotingRegressor，它通过取每个模型的平均值来组合多个回归模型。

以下是在 scikit-learn 中创建集成的步骤。

（1）初始化一个空列表，代码如下：

```
estimators = []
```

（2）初始化第一个模型，代码如下：

```
logistic_model = LogisticRegression(max_iter=10000)
```

（3）将模型作为 (model_name, model) 形式的元组添加到列表中，代码如下：

```
estimators.append(('logistic', logistic_model))
```

（4）根据需要多次重复步骤（2）和步骤（3），代码如下：

```
xgb_model = XGBClassifier(max_depth=2, n_estimators=500,
learning_rate=0.1)
estimators.append(('xgb', xgb_model))
rf_model=RandomForestClassifier(random_state=2)
estimators.append(('rf', rf_model))
```

（5）使用模型列表作为输入初始化 VotingClassifier（或 VotingRegressor），代码如下：

```
ensemble = VotingClassifier(estimators)
```

（6）使用 cross_val_score 对分类器进行评分，代码如下：

```
scores = cross_val_score(ensemble, X, y, cv=kfold)
print(scores.mean())
```

评分如下：

```
0.9754075454122031
```

上述结果表明，评分有所提高。

现在已经介绍了构建非相关机器学习集成的目的和技术，接下来继续讨论一种类似但有潜在优势的技术，即堆叠。

9.4　堆叠模型

> 对于堆叠和提升，我使用 XGBoost，同样主要是出于熟悉度和经过验证的结果。
>
> ——Kaggle 获胜者 David Austin

本节将研究 Kaggle 获胜者经常使用的最强大技巧之一，即堆叠。

9.4.1　什么是堆叠?

堆叠法将机器学习模型分为两个不同层次：基础层和元层。基础层模型用于在所有数据上进行预测，而元层通过将基础模型的预测作为输入来生成最终预测结果。堆叠中的最终模型并不把原始数据作为输入，而是把基础模型的预测作为输入。

堆叠模型在 Kaggle 竞赛中取得了巨大成功。大多数 Kaggle 竞赛都设有合并截止日期，个人和团队可以在此时加入。这些合并可以带来更大的成功，因为竞争对手可以构建更大的集成，并将他们的模型叠加在一起，作为团队而不是个人进行竞争。

注意，堆叠与标准集成不同，因为在最后结合预测的元模型是独特的。由于元模型以预测值作为输入，所以通常建议使用简单的元模型，如线性回归用于回归问题，逻辑回归用于分类问题。

接下来使用 scikit-learn 来应用堆叠技术。

9.4.2　scikit-learn 中的堆叠

scikit-learn 带有一个堆叠回归器和分类器，使这个过程相当简单。总体思路与 9.3 节中的集成模型非常相似。选择各种基础模型，然后为元模型选择线性回归或逻辑回归。

以下是使用 scikit-learn 的堆叠的步骤。

（1）创建一个空的基本模型列表：

```
base_models=[]
```

（2）使用语法 (name, model) 将所有基础模型作为图元追加到基础模型列表，代码如下：

```
base_models.append(('lr', LogisticRegression()))
base_models.append(('xgb', XGBClassifier()))
base_models.append(('rf',
RandomForestClassifier(random_state=2)))
```

在堆叠模型时，可以选择更多的模型，因为没有多数规则的限制，并且线性权重更容易适应新数据。最佳方法是使用非相关性作为宽松的指导方针，并尝试不同的组合。

（3）选择一个元模型，最好是线性回归用于回归，逻辑回归用于分类，代码如下：

```
meta_model = LogisticRegression()
```

（4）使用用于估计器的 base_models 和用于 final_estimator 的 meta_model 初始化 StackingClassifier（或 StackingRegressor），代码如下：

```
clf = StackingClassifier(estimators=base_models, final_
estimator=meta_model)
```

（5）使用 cross_val_score 或任何其他评分方法验证堆叠模型，代码如下：

```
scores = cross_val_score(clf, X, y, cv=kfold)
print(scores.mean())
```

评分如下：

```
0.9789318428815401
```

这是迄今为止最好的结果。同时表明，堆叠是一个极其强大的方法，且表现优于9.3节介绍的非相关集成方法。

9.5　总结

本章介绍了来自 Kaggle 竞赛获胜者的一些经过验证的技巧和窍门。除了探讨 Kaggle 竞赛和理解保留集的重要性外，还介绍了特征工程时间列、特征工程分类列、均值编码、建立非相关集成和堆叠方面的重要实践经验。

这些高级技术在 Kaggle 大师中很普遍，在为研究、竞赛和相关领域开发机器学习模型时，这些技术可以提供优势。

第 10 章　XGBoost 模型部署

本章将把本书中 XGBoost 相关的所有内容加以整合，开发新的技术来构建一个强大的机器学习模型，以满足行业化需求。

为行业部署模型与为研究和竞赛构建模型略有不同。在行业中，自动化非常重要，因为新数据会频繁到达，所以会更加强调流程，而不太重视通过微调模型获得微小百分点。

具体来说，本章将介绍有关独热编码和稀疏矩阵的重要经验。此外，还将实现和自定义 scikit-learn 转换器，以自动化机器学习管道，对包含分类和数值列的混合数据做出预测。本章结束时，将使用机器学习管道为任何传入的数据做好准备。

本章主要内容如下：

（1）混合数据编码；

（2）自定义 scikit-learn 转换器；

（3）完成一个 XGBoost 模型；

（4）构建机器学习管道。

10.1　混合数据编码

如果一家教育科技公司要预测学生成绩，以提供旨在缩小技术技能差距的服务，那么第一步是将包含学生成绩的数据加载到 pandas 中。

10.1.1　加载数据

公司提供的学生成绩数据集，可以通过加载 student-por.csv 文件来访问。首先导入 pandas 并消除警告开始。然后，下载数据集并查看数据集，代码如下：

```
import pandas as pd
import warnings
warnings.filterwarnings('ignore')
```

```
df = pd.read_csv('student-por.csv')
df.head()
```

图 10.1 是学生成绩数据集的输出。

	school;sex;age;address;famsize;Pstatus;Medu;Fedu;Mjob;Fjob;reason;guardian;traveltime;studytime;failures;schoolsup;famsup;paid;activities;nursery;higher;internet;ron
0	
1	
2	
3	
4	

图 10.1　学生成绩数据集的输出

在行业应用中，数据并不总是像预期的那样出现。推荐的选择是查看 CSV 文件。这可以在 Jupyter Notebook 中完成，方法是找到本章的文件夹并单击 student-por.csv 文件。

学生成绩数据集 CSV 文件内容如图 10.2 所示。

```
school;sex;age;address;famsize;Pstatus;Medu;Fedu;Mjob;Fjob;reason;guardian;traveltime;studytime;failures;schoolsup;famsup;paid;act
ivities;nursery;higher;internet;romantic;famrel;freetime;goout;Dalc;Walc;health;absences;G1;G2;G3
"GP";NULL;18;"U";"GT3";"A";4;4;"at_home";"teacher";"course";NULL;2;2;0;"yes";"no";"no";"no";"yes";"yes";"no";"no";4;3;4;1;1;3;4;"0
";"11";11
"GP";"F";NULL;"U";"GT3";"T";1;1;"at_home";"other";"course";"father";1;2;0;"no";"yes";"no";"no";"no";"yes";"yes";"no";5;3;3;1;1;3;2
;"9";"11";11
"GP";"F";15;"U";"LE3";"T";1;1;"at_home";"other";"other";"mother";1;2;0;"yes";"no";"no";"no";"yes";"yes";"yes";"no";4;3;2;2;3;3;6;"
12";"13";12
"GP";"F";15;"U";"GT3";"T";4;2;"health";"services";"home";"mother";1;3;0;"no";"yes";"no";"yes";"yes";"yes";"yes";"yes";3;2;2;1;1;5;
0;"14";"14";14
"GP";"F";16;"U";"GT3";"T";3;3;"other";"other";"home";"father";1;2;0;"no";"yes";"no";"no";"yes";"yes";"no";"no";4;3;2;1;2;5;0;"11";
"13";13
"GP";"M";16;"U";"LE3";"T";4;3;"services";"other";"reputation";"mother";1;2;0;"no";"yes";"no";"yes";"yes";"yes";"yes";"no";5;4;2;1;
2;5;6;"12";"12";13
"GP";"M";16;"U";"LE3";"T";2;2;"other";"other";"home";"mother";1;2;0;"no";"no";"no";"no";"yes";"yes";"yes";"no";4;4;4;1;1;3;0;"13";
"12";13
"GP";"F";17;"U";"GT3";"A";4;4;"other";"teacher";"home";"mother";2;2;0;"yes";"yes";"no";"no";"yes";"yes";"no";"no";4;1;4;1;1;1;2;"1
0";"13";13
"GP";"M";15;"U";"LE3";"A";3;2;"services";"other";"home";"mother";1;2;0;"no";"yes";"no";"no";"yes";"yes";"yes";"no";4;2;2;1;1;1;0;"
15";"16";17
"GP";"M";15;"U";"GT3";"T";3;4;"other";"other";"home";"mother";1;2;0;"no";"yes";"no";"yes";"yes";"yes";"yes";"no";5;5;1;1;1;5;0;"12
";"12";13
"GP";"F";15;"U";"GT3";"T";4;4;"teacher";"health";"reputation";"mother";1;2;0;"no";"yes";"no";"no";"yes";"yes";"yes";"no";3;3;3;1;2
;2;2;"14";"14";14
"GP";"F";15;"U";"GT3";"T";2;1;"services";"other";"reputation";"father";3;3;0;"no";"yes";"no";"yes";"yes";"yes";"yes";"no";5;2;2;1;
1;4;0;"10";"12";13
"GP";"M";15;"U";"LE3";"T";4;4;"health";"services";"course";"father";1;1;0;"no";"yes";"no";"yes";"yes";"yes";"yes";"no";4;3;3;1;3;5
;0;"12";"13";12
"GP";"M";15;"U";"GT3";"T";4;3;"teacher";"other";"course";"mother";2;2;0;"no";"yes";"no";"no";"yes";"yes";"yes";"no";5;4;3;1;2;3;0;
"12";"12";13
"GP";"M";15;"U";"GT3";"A";2;2;"other";"other";"home";"other";1;3;0;"no";"yes";"no";"no";"yes";"yes";"yes";"yes";4;5;2;1;1;3;0;"14"
;"14";15
"GP";"F";16;"U";"GT3";"T";4;4;"health";"other";"home";"mother";1;1;0;"no";"yes";"no";"no";"yes";"yes";"yes";"no";4;4;4;1;2;2;6;"17
";"17";17
```

图 10.2　学生成绩数据集 CSV 文件

如图 10.2 所示，数据用分号分隔。CSV 这个词其实代表逗号分隔值，而不是分号分隔值。幸运的是，pandas 带有 sep 参数，代表分隔符，可以设置为分号，如下所示：

```
df = pd.read_csv('student-por.csv', sep=';')
df.head()
```

学生成绩数据集如图 10.3 所示。

	school	sex	age	address	famsize	Pstatus	Medu	Fedu	Mjob	Fjob	...	famrel	freetime	goout	Dalc	Walc	health	absences	G1	G2	G3
0	GP	NaN	18.0	U	GT3	A	4	4	at_home	teacher	...	4	3	4	1	1	3	4	0	11	11
1	GP	F	NaN	U	GT3	T	1	1	at_home	other	...	5	3	3	1	1	3	2	9	11	11
2	GP	F	15.0	U	LE3	T	1	1	at_home	other	...	4	3	2	2	3	3	6	12	13	12
3	GP	F	15.0	U	GT3	T	4	2	health	services	...	3	2	2	1	1	5	0	14	14	14
4	GP	F	16.0	U	GT3	T	3	3	other	other	...	4	3	2	1	2	5	0	11	13	13

图 10.3 学生成绩数据集

现在 DataFrame 看起来像预期的那样了,但是混合了分类值和数值,必须清除空值。

10.1.2 清除空值

可以通过调用 df.insull() 上的 .sum() 函数来查看所有空值列。

以下是结果摘录:

```
df.isnull().sum()
school        0
sex           1
age           1
address       0
⋮
health        0
absences      0
G1            0
G2            0
G3            0
dtype: int64
```

可以使用条件符号查看这些列的行,方法是将 df.isna().any(axis=1) 放在方括号中与 df 一起使用。

```
df[df.isna().any(axis=1)]
```

如图 10.4 所示为查询空值的结果。

	school	sex	age	address	famsize	Pstatus	Medu	Fedu	Mjob	Fjob	...	famrel	freetime	goout	Dalc	Walc	health	absences	G1	G2	G3
0	GP	NaN	18.0	U	GT3	A	4	4	at_home	teacher	...	4	3	4	1	1	3	4	0	11	11
1	GP	F	NaN	U	GT3	T	1	1	at_home	other	...	5	3	3	1	1	3	2	9	11	11

图 10.4 学生成绩数据集中的空值数据

Jupyter 会根据列数默认删除这些空列。这很容易通过将 max columns 设置为 None 来纠正,如下所示:

```
pd.options.display.max_columns = None
```

现在，再次运行代码会显示所有列，代码如下：

```
df[df.isna().any(axis=1)]
```

包含空值的学生成绩数据集如图 10.5 所示。

	school	sex	age	address	famsize	Pstatus	Medu	Fedu	Mjob	Fjob	reason	guardian	traveltime	studytime	failures	schoolsup	famsup	paid
0	GP	NaN	18.0	U	GT3	A	4	4	at_home	teacher	course	NaN	2	2	0	yes	no	no
1	GP	F	NaN	U	GT3	T	1	1	at_home	other	course	father	1	2	0	no	yes	no

图 10.5　包含空值的学生成绩数据集

图 10.5 中，所有的列，包括 'guardian' 下隐藏的空值现在都显示出来了。

数值空值可以设置为 -999.0 或者其他值，XGBoost 将使用第 5 章中介绍的超参数 missing 找到最佳替代值。

以下是将 'age' 列填充为 -999.0 的代码：

```
df['age'].fillna(-999.0)
```

分类列可以由众数填充。众数是列中最常见的情况。将分类列使用众数填充可能会扭曲结果分布，但仅当空值数量较大时才会出现此情况。只存在两个空值，分布不会受到影响。另一个选项包括用 unknown 字符串替换分类空值，在独热编码后，它可能形成自己的列。

注意，XGBoost 需要数值输入，因此截至 2020 年，无法直接将缺失的超参数应用于类别列。以下代码将 'sex' 和 'guardian' 分类列转换为众数：

```
df['sex'] = df['sex'].fillna(df['sex'].mode())
df['guardian'] = df['guardian'].fillna(df['guardian'].mode())
```

由于空值位于前两行，可以使用 df.head() 揭示它们已被更改：

```
df.head()
```

清除空值后的学生成绩数据集如图 10.6 所示。

	school	sex	age	address	famsize	Pstatus	Medu	Fedu	Mjob	Fjob	reason	guardian	traveltime	studytime	failures	schoolsup	famsup	paid
0	GP	F	18.0	U	GT3	A	4	4	at_home	teacher	course	mother	2	2	0	yes	no	no
1	GP	F	-999.0	U	GT3	T	1	1	at_home	other	course	father	1	2	0	no	yes	no
2	GP	F	15.0	U	LE3	T	1	1	at_home	other	other	mother	1	2	0	yes	no	no
3	GP	F	15.0	U	GT3	T	4	2	health	services	home	mother	1	3	0	no	yes	no
4	GP	F	16.0	U	GT3	T	3	3	other	other	home	father	1	2	0	no	yes	no

图 10.6　清除空值后的学生成绩数据集

空值都已按预期被清除了。接下来，将使用独热编码将所有分类列转换为数字列。

10.1.3　独热编码

1.4.2 节使用 pd.get_dummies 将所有分类变量转换为 0 和 1 的数值，0 表示不存在，1 表示存在。这种方法虽然可以接受，但也有一些缺点。第一个缺点是 pd.get_dummies 的计算成本高，在前面几章中等待代码运行时，读者可能已经发现了这一点。第二个缺点是 pd.get_dummies 并不特别适用于 scikit-learn 的管道，这是下一节探讨的一个概念。

一个不错的替代方案是使用 scikit-learn 中的 OneHotEncoder，而不是 pd.get_dummies。与 pd.get_dummies 一样，OneHotEncoder 将所有分类值转换为 0 和 1，0 表示不存在，1 表示存在，但与 pd.get_dummies 不同，它的计算成本并不高。OneHotEncoder 使用稀疏矩阵代替密集矩阵来节省空间和时间。

稀疏矩阵通过仅存储值不包括 0 的数据来节省空间。通过使用较少的比特来保存相同数量的信息。此外，OneHotEncode 是一个 scikit-learn 转换器，这意味着它专门设计用于机器学习管道。在早期版本的 scikit-learn 中，OneHotEncoder 仅接受数值输入。当出现这种情况时，首先使用 LabelEncoder 将所有分类列转换为数值列作为中间步骤。

若需对特定列使用 OneHotEncoder，按照以下步骤操作。

（1）将 dtype 对象的所有分类列转换为列表，代码如下：

```
categorical_columns = df.columns[df.dtypes==object].tolist()
```

（2）导入并初始化 OneHotEncoder，代码如下：

```
from sklearn.preprocessing import OneHotEncoder
ohe = OneHotEncoder()
```

（3）对列使用 fit_transformmethod 函数，代码如下：

```
hot = ohe.fit_transform(df[categorical_columns])
```

（4）可选：将独热编码的稀疏矩阵转换为标准数组，并将其转换为 DataFrame 用于查看。代码如下：

```
hot_df = pd.DataFrame(hot.toarray())
hot_df.head()
```

独热编码后的矩阵的 DataFrame 如图 10.7 所示。

	0	1	2	3	4	5	6	7	8	9	10	11	12	13	14	15	16	17	18	19	20	21	22	23	24	25	26	27	28	29	30	31	32
0	1.0	0.0	1.0	0.0	0.0	1.0	1.0	0.0	1.0	0.0	1.0	0.0	0.0	0.0	0.0	0.0	0.0	0.0	0.0	1.0	1.0	0.0	0.0	0.0	0.0	1.0	1.0	0.0	1.0	1.0	0.0	1.0	0.0
1	1.0	0.0	1.0	0.0	0.0	1.0	0.0	1.0	1.0	0.0	1.0	0.0	0.0	0.0	0.0	0.0	0.0	0.0	0.0	1.0	1.0	0.0	0.0	0.0	1.0	1.0	0.0	0.0	1.0	0.0	0.0	1.0	0.0
2	1.0	0.0	1.0	0.0	0.0	1.0	0.0	1.0	1.0	0.0	1.0	0.0	0.0	0.0	0.0	0.0	0.0	0.0	0.0	1.0	1.0	0.0	0.0	1.0	0.0	1.0	0.0	0.0	1.0	1.0	0.0	1.0	0.0
3	1.0	0.0	1.0	0.0	1.0	1.0	0.0	0.0	1.0	0.0	1.0	0.0	0.0	0.0	0.0	0.0	0.0	0.0	0.0	1.0	1.0	0.0	0.0	0.0	0.0	1.0	0.0	0.0	1.0	1.0	0.0	1.0	0.0
4	1.0	0.0	1.0	0.0	0.0	1.0	0.0	1.0	1.0	0.0	1.0	0.0	0.0	0.0	0.0	0.0	0.0	0.0	0.0	1.0	1.0	0.0	0.0	0.0	0.0	1.0	0.0	0.0	1.0	1.0	0.0	1.0	0.0

图 10.7　独热编码后的矩阵的 DataFrame

这看起来和预期的一样，所有的值都是 0 或者 1。

（5）如果想要查看热稀疏矩阵的真实形态，可以按照下面的方式打印：

```
print(hot)
```

以下是结果摘录：

```
(0, 0)          1.0
(0, 2)          1.0
(0, 5)          1.0
(0, 6)          1.0
(0, 8)          1.0
   ⋮
(648, 33)       1.0
(648, 35)       1.0
(648, 38)       1.0
(648, 40)       1.0
(648, 41)       1.0
```

如上所示，只有 0 的值被跳过。如，第 0 行和第 1 列，用（0,1）表示，在密集矩阵中的值为 0.0，但在独热矩阵中被跳过。

如果想了解有关稀疏矩阵的更多信息，只需输入以下变量：

```
hot
```

结果如下：

```
<649x43 sparse matrix of type '<class 'numpy.float64'>'
with 11033 stored elements in Compressed Sparse Row format>
```

结果显示，矩阵是 649×43，但只存储了 11 033 个值，节省了大量空间。需要注意的是，对于包含许多零值的文本数据，稀疏矩阵非常常见。

10.1.4　将一个独热编码矩阵和数值列合并

现在有了一个独热的稀疏矩阵，还必须将它与原始 DataFrame 的数值列结合起来。

首先，隔离数字列。可以使用 exclude=["object"] 参数作为 df.select_dtypes 方法的输入来实现此操作，该方法可按以下方式选择特定类型的列：

```
cold_df = df.select_dtypes(exclude=["object"])
cold_df.head()
```

剔除非数字列的学生成绩数据集如图 10.8 所示。

	age	Medu	Fedu	traveltime	studytime	failures	famrel	freetime	goout	Dalc	Walc	health	absences	G1	G2	G3
0	18.0	4	4	2	2	0	4	3	4	1	1	3	4	0	11	11
1	-999.0	1	1	1	2	0	5	3	3	1	1	3	2	9	11	11
2	15.0	1	1	1	2	0	4	3	2	2	3	3	6	12	13	12
3	15.0	4	2	1	3	0	3	2	2	1	1	5	0	14	14	14
4	16.0	3	3	1	2	0	4	3	2	1	2	5	0	11	13	13

图 10.8　剔除非数字列的学生成绩数据集

图 10.8 中这些是正在寻找的列。

对于这种大小的数据，可以选择将稀疏矩阵转换为常规 DataFrame，如图 10.8 所示，或者将该 DataFrame 转换为稀疏矩阵。考虑到行业中的 DataFrame 可以变得非常庞大，节省空间可能会有优势，因此通常选择后者，详细步骤如下。

（1）将 DataFrame，cold_df，转换为压缩的稀疏矩阵，从 scipy.sparse 导入 csr_matrix 并将 DataFrame 放入其中，如下所示：

```
from scipy.sparse import csr_matrix
cold = csr_matrix(cold_df)
```

（2）导入并使用 hstack 将两个矩阵 hot 和 cold 叠加在一起，hstack 可以将稀疏矩阵水平组合在一起，代码如下：

```
from scipy.sparse import hstack
final_sparse_matrix = hstack((hot, cold))
```

（3）将稀疏矩阵转换为密集矩阵并像往常一样显示 DataFrame，验证 final_sparse_matrix 的预期效果，代码如下：

```
final_df = pd.DataFrame(final_sparse_matrix.toarray())
final_df.head()
```

图 10.9 是上述代码输出的稀疏矩阵的 DataFrame。

26	27	28	29	30	31	32	33	34	35	36	37	38	39	40	41	42	43	44	45	46	47	48	49	50	51	52	53	54	55	56	57	58
0.0	0.0	1.0	1.0	0.0	1.0	0.0	1.0	0.0	0.0	1.0	0.0	0.0	1.0	0.0	0.0	1.0	18.0	4.0	4.0	2.0	2.0	0.0	4.0	3.0	4.0	1.0	1.0	3.0	4.0	0.0	11.0	11.0
0.0	1.0	0.0	0.0	1.0	1.0	0.0	0.0	1.0	0.0	0.0	1.0	0.0	1.0	0.0	1.0	0.0	-999.0	1.0	1.0	1.0	2.0	0.0	5.0	3.0	3.0	1.0	1.0	3.0	2.0	9.0	11.0	11.0
0.0	0.0	1.0	0.0	1.0	0.0	0.0	0.0	1.0	0.0	0.0	0.0	1.0	0.0	0.0	1.0	0.0	15.0	1.0	1.0	1.0	2.0	0.0	4.0	3.0	2.0	2.0	3.0	3.0	6.0	12.0	13.0	12.0
0.0	1.0	0.0	0.0	1.0	1.0	0.0	0.0	1.0	0.0	0.0	1.0	0.0	1.0	0.0	1.0	0.0	15.0	4.0	1.0	1.0	2.0	0.0	3.0	2.0	1.0	1.0	5.0	0.0	14.0	14.0	14.0	
0.0	1.0	0.0	0.0	1.0	1.0	0.0	0.0	1.0	0.0	0.0	1.0	0.0	1.0	0.0	1.0	0.0	16.0	3.0	3.0	1.0	2.0	0.0	4.0	3.0	2.0	1.0	2.0	5.0	0.0	11.0	13.0	13.0

图 10.9　最终稀疏矩阵的 DataFrame

输出被移到右边，以显示独热编码和数字列在一起。

现在，数据已经准备好进行机器学习，接下来使用转换器和管道来自动化这个过程。

10.2　自定义 scikit-learn 转换器

在介绍完将 DataFrame 转换为机器学习可用稀疏矩阵的过程后，将其用转换器进行通用化，以便可以轻松地重复使用于新数据中，这将会是非常有优势的。

scikit-learn 中的转换器通过使用 fit 函数来查找模型参数，再利用 transform 函数将这些参数应用于数据，与机器学习算法一起工作。这些方法可以合并成一个 fit_transform 函数，只需要一行代码即可完成对数据的拟合和转换。

各种转换器，包括机器学习算法，可以在同一管道中一起工作，以便于使用。数据随后被放入管道中，进行拟合和转换，以达到所需的输出。

scikit-learn 提供了许多优秀的转换器，例如 StandardScaler 和 Normalizer 来分别对数据进行标准化和归一化，还有 SimpleImputer 用于转换空值。然而，当数据包含分类列和数值列的组合时，就要小心处理，就像这里一样。在某些情况下，对于自动化来说，scikit-learn 选项可能不是最好的选择。在这种情况下，需要创建定制的转换器来完全指定任务。

10.2.1　定制转换器

创建定制变换器的关键是以 scikit-learn 的 TransformerMixin 为超类。

下面是一个通用的代码概述，用于在 scikit-learn 中创建一个定制化的转换器：

```
class YourClass(TransformerMixin):
    def  init (self):
        None
    def fit(self, X, y=None):
        return self
    def transform(self, X, y=None):
```

```
# insert code to transform X
return X
```

如上所示，不需要初始化任何东西，而 fit 函数总是可以返回 self。简而言之，可以将所有用于转换数据的代码放在 transform 函数下。

介绍完自定义的一般工作方式后，接下来创建一个自定义转换器来处理不同类型的空值。

1. 自定义混合空值估算器

通过创建一个定制的混合空值估算器来了解自定义转换器的工作流程。在这里，自定义的原因是为了处理具有不同校正空值方法的不同列类型。步骤如下。

（1）导入 TransformerMixin 并定义一个以 TransformerMixin 作为超类的新类，代码如下：

```
from sklearn.base import TransformerMixin
class NullValueImputer(TransformerMixin):
```

（2）使用 self 作为输入初始化类。如果这没什么用也没关系，代码如下：

```
def_init_(self):
    None
```

（3）创建一个 fit 函数，将 self 和 X 作为输入，y=None，并返回 self，代码如下：

```
def fit(self, X, y=None):
    return self
```

（4）创建一个以 self 和 X 作为输入，y=None 的 transform 函数，并通过返回一个新的 X 来转换数据，如下所示：

```
def transform(self, X, y=None):
```

接下来需要根据列分别处理空值。以下是将空值转换为众数或 -999.0 的步骤，具体取决于列类型。

● 通过将列转换为列表来遍历这些列，代码如下：

```
for column in X.columns.tolist():
```

● 在循环中，通过检查哪些列属于对象数据类型来访问字符串列，代码如下：

```
        if column in X.columns[X.dtypes==object].tolist():
```

● 将字符串（对象）列的空值转换为众数，代码如下：

```
        X[column] = X[column].fillna(X[column].mode())
```

● 否则，用 -999.0 填充列，代码如下：

```
    else:
        X[column]=X[column].fillna(-999.0)
        return X
```

在前面的代码中，之所以使用 y=None，是因为在管道中包含机器学习算法时，需要将 y 作为输入。通过将 y 设置为 None，将仅按预期对预测变量列进行更改。

既然已经定义了定制的估算器，那么可以通过对数据调用 fit_transform 函数来使用它。

通过从 CSV 文件建立一个新的 DataFrame 来重置数据，并使用自定义的 NullValueImputer 函数，代码如下：

```
df = pd.read_csv('student-por.csv', sep=';')
nvi = NullValueImputer().fit_transform(df)
nvi.head()
```

NullValueImputer 函数处理后的学生成绩 DataFrame 如图 10.10 所示。

	school	sex	age	address	famsize	Pstatus	Medu	Fedu	Mjob	Fjob	reason	guardian	traveltime	studytime	failures	schoolsup	famsup	paid
0	GP	F	18.0	U	GT3	A	4	4	at_home	teacher	course	mother	2	2	0	yes	no	no
1	GP	F	-999.0	U	GT3	T	1	1	at_home	other	course	father	1	2	0	no	yes	no
2	GP	F	15.0	U	LE3	T	1	1	at_home	other	other	mother	1	2	0	yes	no	no
3	GP	F	15.0	U	GT3	T	4	2	health	services	home	mother	1	3	0	no	yes	no
4	GP	F	16.0	U	GT3	T	3	3	other	other	home	father	1	2	0	no	yes	no

图 10.10 NullValueImputer 函数处理后的学生成绩 DataFrame

如图 10.10 所示，所有空值都已被清除。

接下来，将数据转换为一个 one-hot 编码的稀疏矩阵。

2. 独热编码混合数据

在此应用类似于 10.1 节的步骤，通过创建一个定制的转换器，在将分类变量列进行独热编码后，再与数值列连接成一个稀疏矩阵（对于此大小的数据集，也可以使用密集矩阵）。

（1）定义一个新类，将 TransformerMixin 作为超类，代码如下：

```
class SparseMatrix(TransformerMixin):
```

（2）使用 self 作为输入参数初始化类。如果这没什么用也没关系，代码如下：

```
def  init (self):
    None
```

（3）创建一个将 self 和 X 作为输入并返回 self 的 fit 函数，代码如下：

```
def fit(self, X, y=None):
    return self
```

（4）创建一个将 self 和 X 作为输入的 transform 函数，转换数据并返回一个新的 X，
代码如下：

```
def transform(self, X, y=None):
```

以下是完成转换的步骤；首先只访问对象类型的分类列，代码如下：

● 将分类列放入列表中：

```
categorical_columns= X.columns[X. dtypes==object].tolist()
```

● 初始化 OneHotEncoder：

```
ohe = OneHotEncoder()
```

● 用 OneHotEncoder 对分类列进行转换：

```
hot = ohe.fit_transform(X[categorical_columns])
```

● 通过排除字符串创建一个只有数字列的 DataFrame：

```
cold_df = X.select_dtypes(exclude=["object"])
```

● 将数字 DataFrame 转换成稀疏矩阵：

```
cold = csr_matrix(cold_df)
```

● 将两个稀疏矩阵合并：

```
final_sparse_matrix = hstack((hot, cold))
```

● 将其转换为压缩稀疏行（Compressed Sparse Row，CSR）矩阵以限制误
差。注意，XGBoost 需要 CSR 矩阵，这种转换可能会自动发生，取决

于 XGBoost 版本：

```
final_csr_matrix = final_sparse_matrix.tocsr()
return final_csr_matrix
```

（5）通过在 SparseMatrix 上使用强大的 fit_transform 函数来转换没有空值的 nvi 数据，代码如下：

```
sm = SparseMatrix().fit_transform(nvi)
print(sm)
```

这里给出的预期输出被截断以节省空间：

```
    (0,0)     1.0
    (0,2)     1.0
    (0,5)     1.0
    (0,6)     1.0
    (0,8)     1.0
    (0,10)    1.0
    ⋮
    (648, 53) 4.0
    (648, 54) 5.0
    (648, 55) 4.0
    (648, 56) 10.0
    (648, 57) 11.0
    (648, 58) 11.0
```

（6）通过将稀疏矩阵转换回密集矩阵来验证数据是否符合预期，代码如下：

```
sm_df = pd.DataFrame(sm.toarray())
sm_df.head()
```

稀疏矩阵转换成密集矩阵的 DataFrame 如图 10.11 所示。

26	27	28	29	30	31	32	33	34	35	36	37	38	39	40	41	42	43	44	45	46	47	48	49	50	51	52	53	54	55	56	57	58
0.0	0.0	1.0	1.0	0.0	1.0	0.0	1.0	0.0	0.0	1.0	0.0	1.0	1.0	0.0	1.0	0.0	18.0	4.0	4.0	2.0	2.0	0.0	4.0	3.0	4.0	1.0	1.0	3.0	4.0	0.0	11.0	11.0
0.0	1.0	0.0	0.0	1.0	1.0	0.0	1.0	0.0	1.0	0.0	0.0	1.0	0.0	1.0	1.0	0.0	-999.0	1.0	1.0	1.0	2.0	0.0	5.0	3.0	3.0	1.0	1.0	3.0	2.0	9.0	11.0	11.0
0.0	0.0	1.0	1.0	0.0	1.0	0.0	1.0	0.0	0.0	1.0	0.0	1.0	0.0	1.0	1.0	0.0	15.0	1.0	1.0	1.0	2.0	0.0	4.0	3.0	2.0	2.0	3.0	3.0	6.0	12.0	13.0	12.0
0.0	1.0	0.0	0.0	1.0	1.0	0.0	0.0	1.0	0.0	1.0	0.0	1.0	0.0	1.0	0.0	1.0	15.0	4.0	2.0	1.0	3.0	0.0	3.0	2.0	2.0	1.0	1.0	5.0	0.0	14.0	14.0	14.0
0.0	1.0	0.0	0.0	1.0	1.0	0.0	1.0	0.0	0.0	1.0	0.0	1.0	1.0	0.0	1.0	0.0	16.0	3.0	3.0	1.0	2.0	0.0	4.0	3.0	2.0	1.0	2.0	5.0	0.0	11.0	13.0	13.0

图 10.11　稀疏矩阵转换成密集矩阵的 DataFrame

这似乎是正确的。该图显示第 27 列的值为 0.0，第 28 列的值为 1.0。前面的一个独热编码输出不包括（0，27）并显示的值为 1.0 对于（0，28），匹配密集输出。

现在数据已经转换，接下来将两个预处理步骤合并到一个管道中。

10.2.2　预处理管道

在建立机器学习模型时，标准的做法是先把数据分成 X 和 y。当考虑管道时，转换预测列 X 而不是目标列 y 是有意义的。此外，为以后保留测试集很重要。

在将数据放入机器学习管道之前，将数据分成训练集和测试集，并留下测试集。步骤如下。

（1）将 CSV 文件作为 DataFrame 读取，代码如下：

```
df = pd.read_csv('student-por.csv', sep=';')
```

在为学生成绩数据集选择 X 和 y 时，必须注意最后三栏都包括学生的成绩。这里有两项潜在研究具有价值：

● 将以前的成绩列作为预测变量列。

● 不包括以往成绩作为预测列。

假设教育科技公司想根据社会经济变量而不是以前的成绩进行预测，那么忽略前两个成绩列，索引为 -2 和 -3。

（2）选择最后一列作为 y，除最后三列外的所有列作为 X，代码如下：

```
y = df.iloc[:, -1]
X = df.iloc[:, :-3]
```

（3）导入 train_test_split 并将 X 和 y 拆分为训练集和测试集，代码如下：

```
from sklearn.model_selection import train_test_split
  X_train, X_test, y_train, y_test = train_test_split(X, y,
random_state=2)
```

接着使用以下步骤构建管道。

（1）从 sklearn.pipeline 导入 Pipeline，代码如下：

```
from sklearn.pipeline import Pipeline
```

（2）使用语法 (name，transformer) 作为管道的参数，按顺序分配元组，代码如下：

```
data_pipeline = Pipeline([('null_imputer',
NullValueImputer()), ('sparse', SparseMatrix())])
```

（3）通过将 X_train 放在 data_pipeline 的 fit_transform 函数中来转换预测列 X_train，代码如下：

```
X_train_transformed = data_pipeline.fit_transform(X_train)
```

现在已经拥有一个没有空值的数值稀疏矩阵，可以用作机器学习的预测列。此外，还有一个管道，可用于在一行代码中转换任何传入数据。

接下来将完成一个 XGBoost 模型来进行预测。

10.3   完成一个 XGBoost 模型

本节将构建一个强健的 XGBoost 模型并添加到管道中。导入 XGBRegressor、NumPy、GridSearchCV、cross_val_score、KFold 和 mean_squared_error，代码如下：

```
import numpy as np
from sklearn.model_selection import GridSearchCV
from sklearn.model_selection import cross_val_score, KFold
from sklearn.metrics import mean_squared_error as MSE
from xgboost import XGBRegressor
```

现在开始建立模型。

10.3.1   第一个 XGBoost 模型

该学生成绩数据集的预测值列 y_train 有一个有趣的值范围，如下所示：

```
y_train.value_counts()
```

结果是：

```
11    82
10    75
13    58
12    53
14    42
15    36
9     29
16    27
8     26
17    24
18    14
0     10
7     7
19    1
```

```
6    1
5    1
```

如上所示，值的范围是 5 ~ 19，其中包括 0。

由于目标列是有序的，表示值是按数值顺序排列的，即使输出受到限制，回归仍比分类更可取。在通过回归训练模型之后，最终的结果可能会进行四舍五入，以得出最终的预测结果。

以下是使用此数据集对 XGBRegressor 进行评分的步骤。

（1）从设置 Kfold 开始建立交叉验证：

```
kfold = KFold(n_splits=5, shuffle=True, random_state=2)
```

（2）现在使用 cross_val_score 定义一个交叉验证函数，该函数返回均方根误差：

```
def cross_val(model):
  scores = cross_val_score(model, X_train_transformed,
  y_train, scoring='neg_root_mean_squared_error', cv=kfold)
  rmse = (-scores.mean())
  return rmse
```

（3）通过使用 XGBRegressor 作为输入，调用 cross_val，使用 missing= -999.0 来建立一个基础评分，以便 XGBoost 可以找到最佳替换。

```
cross_val(XGBRegressor(missing=-999.0))
```

评分是这样的：

```
2.9702248207546296
```

这是一个不错的起点。一个均方根误差为 2.97，共 19 种可能性，表明成绩的精度在几个点之内。这几乎相当于 15%，在美国的 A-B-C-D-F 系统中精确到一个字母等级。在行业中，甚至可以使用统计学来提供一个置信区间，得到一个预测区间的建议策略，这超出了本书的讨论范畴。

现在已经有了一个基准评分，接下来通过微调超参数来提高模型测试精度。

10.3.2　微调 XGBoost 超参数

从检查有提前停止的 n_estimators 开始。为了使用提前停止，可能会检查一个测试拆分。创建测试拆分需要进一步拆分 X_train 和 y_train。

（1）这里提供了第二个 train_test_split 函数，它可以用来创建一个测试集以进行验证，确保真正的测试集被保留以供后续使用，代码如下：

```
X_train_2, X_test_2, y_train_2, y_test_2 =
train_test_split(X_train_transformed, y_train, random_state=2)
```

（2）现在定义一个函数，它使用提前停止来返回回归器的最佳估计量（参见第 6
章），代码如下：

```
def n_estimators(model):
    eval_set = [(X_test_2, y_test_2)]
    eval_metric="rmse"
    model.fit(X_train_2, y_train_2, eval_metric=eval_metric,
eval_set=eval_set, early_stopping_rounds=100)
    y_pred = model.predict(X_test_2)
    rmse = MSE(y_test_2, y_pred)**0.5
    return rmse
```

（3）现在运行 n_estimators 函数，将最大值设置为 5000，代码如下：

```
n_estimators(XGBRegressor(n_estimators=5000, missing=-999.0))
```

以下是输出的最后五行：

```
[128]validation_0-rmse:3.10450
[129]validation_0-rmse:3.10450
[130]validation_0-rmse:3.10450
[131]validation_0-rmse:3.10450
Stopping. Best iteration:
[31] validation_0-rmse:3.09336
```

评分如下：

```
3.0933612343143153
```

使用默认模型，目前有 31 个估计器给出了最佳估计。那将是新的起点。

接下来，使用 grid_search 函数搜索超参数网格并显示最佳参数和最佳评分，代码
如下：

```
def grid_search(params, reg=XGBRegressor(missing=-999.0)):
    grid_reg = GridSearchCV(reg, params, scoring='neg_mean_squared_
    error', cv=kfold)
    grid_reg.fit(X_train_transformed, y_train)
    best_params = grid_reg.best_params_
    print("Best params:", best_params)
```

```
best_score = np.sqrt(-grid_reg.best_score_)
print("Best score:", best_score)
```

以下是微调模型的几个推荐步骤。

（1）从 max_depth 开始，范围从 1 ~ 8，同时将 n_estimators 设置为 31，代码如下：

```
grid_search(params={'max_depth':[1, 2, 3, 4, 6, 7, 8],
                    'n_estimators':[31]})
```

结果是：

```
Best params: {'max_depth': 1, 'n_estimators': 31}
Best score: 2.6634430373079425
```

（2）将 max_depth 从 1 缩小到 3，同时将 min_child_weight 从 1 缩小到 5，并将 n_esimtators 保持在 31，代码如下：

```
grid_search(params={'max_depth':[1, 2, 3],
                    'min_child_weight':[1,2,3,4,5],
                    'n_estimators':[31]})
```

结果如下：

```
Best params: {'max_depth': 1, 'min_child_weight': 1, 'n_
estimators': 31}
Best score: 2.6634430373079425
```

上述结果没有任何改善。

（3）可以通过强制 min_child_weight 采取 2 或 3 的值，同时包括 0.5 ~ 0.9 的子样本范围来保证一些变化。

此外，增加 n_estimators 可能有助于让模型有更多时间学习，代码如下：

```
grid_search(params={'max_depth':[2],
                    'min_child_weight':[2,3],
                    'subsample':[0.5, 0.6, 0.7, 0.8,0.9],
                    'n_estimators':[31, 50]})
```

结果如下：

```
Best params: {'max_depth': 1, 'min_child_weight': 2, 'n_
estimators': 50, 'subsample': 0.9}
Best score: 2.665209161229433
```

评分几乎相同，但略差。

（4）缩小 min_child_weight 和 subsample，同时对 colsample_bytree 使用 0.5 ~ 0.9 的范围，代码如下：

```
grid_search(params={'max_depth':[1],
                    'min_child_weight':[1, 2, 3],
                    'subsample':[0.6, 0.7, 0.8],
                    'colsample_bytree':[0.5, 0.6, 0.7, 0.8,
                    0.9, 1],
                    'n_estimators':[50]})
```

结果如下：

```
Best params: {'colsample_bytree': 0.9, 'max_depth': 1,
'min_child_weight': 3, 'n_estimators': 50, 'subsample': 0.8}
Best score: 2.659649642579931
```

这是迄今为止最好的成绩。

（5）保持最佳当前值，使用 colsample_bynode 和 colsample_bylevel 尝试范围 0.6 ~ 1.0，代码如下：

```
grid_search(params={'max_depth':[1],
                    'min_child_weight':[3], 'subsample':[.8],
                    'colsample_bytree':[0.9],
                    'colsample_bylevel':[0.6, 0.7, 0.8, 0.9, 1],
                    'colsample_bynode':[0.6, 0.7, 0.8, 0.9, 1],
                    'n_estimators':[50]})
```

结果如下：

```
Best params: {'colsample_bylevel': 0.9, 'colsample_bynode':
0.8, 'colsample_bytree': 0.9, 'max_depth': 1,
'min_child_weight': 3, 'n_estimators': 50, 'subsample': 0.8}
Best score: 2.64172735526102
```

评分又提高了。

使用基学习器对 DART 和 gamma 进行的进一步实验没有产生新的收获。

根据时间和项目的范围，可能需要进一步调整超参数，甚至在 RandomizedSearch 中一起尝试。在行业中，很可能会有使用云计算的机会，通过廉价且可抢占的虚拟机进行更多的超参数搜索，能够得到更好的结果。

注意，scikit-learn 当前不提供一种方法来停止耗时的搜索并保存最佳参数，直到代码完成。

现在有了一个稳健的模型，可以继续对它测试。

10.3.3　测试模型

既然已经有了一个潜在的最终模型，那么对照测试集对其进行测试是很重要的。

回想一下，测试集没有在管道中进行转换。在这一点上，只需要一行代码来加以转换，代码如下：

```
X_test_transformed = data_pipeline.fit_transform(X_test)
```

现在，可以使用10.3.2节中选择的最佳调优超参数初始化模型，将其拟合到训练集，并根据保留的测试集对其进行测试，代码如下：

```
model = XGBRegressor(max_depth=2, min_child_weight=3, subsample=0.9,
colsample_bytree=0.8, gamma=2, missing=-999.0)
model.fit(X_train_transformed, y_train)
y_pred = model.predict(X_test_transformed)
rmse = MSE(y_pred, y_test)**0.5
rmse
```

评分如下：

```
2.7908972630881435
```

得分稍微提高一点，尽管这可能是由于采用了交叉验证的原因。如果不是，模型可能过于密切地拟合了验证集，这在微调超参数并将其调整得过于贴近验证集时可能会发生。该模型泛化得很好，但还有改进的空间。

对于接下来的步骤，当考虑是否能提高评分时，有以下选项可供选择：

（1）回到超参数微调。

（2）保持模型不变。

（3）基于超参数知识进行快速调整。

由于模型可能会过拟合，因此快速调整超参数是可行的。例如，增加 min_child_weight 并降低 subsample 可以帮助模型更好地泛化。

下面为最终的模型做最后的调整，代码如下：

```
model = XGBRegressor(max_depth=1,
                     min_child_weight=5,
                     subsample=0.6,
```

```
                              colsample_bytree=0.9,
                              colsample_bylevel=0.9,
                              colsample_bynode=0.8,
                              n_estimators=50,
                              missing=-999.0)
model.fit(X_train_transformed, y_train)
y_pred = model.predict(X_test_transformed)
rmse = MSE(y_pred, y_test)**0.5
rmse
```

结果如下：

```
2.730601403138633
```

注意，评分已经提高了。

此外，绝对不应该为了提高保留测试评分而来回尝试。然而，在收到测试评分后进行一些调整是可以接受的；否则，永远无法在第一个结果的基础上有所改进。

现在剩下的就是完成管道。

10.4   构建机器学习管道

完成机器学习管道需要将机器学习模型添加到之前的管道中。在 NullValueImputer 和 SparseMatrixas 之后需要一个机器学习元组，如下所示：

```
full_pipeline = Pipeline([('null_imputer',
NullValueImputer()),('sparse', SparseMatrix()),
('xgb', XGBRegressor(max_depth=1, min_child_weight=5,
subsample=0.6, colsample_bytree=0.9, colsample_bylevel=0.9,
colsample_bynode=0.8, missing=-999.0))])
```

这个管道现在已经完成了机器学习模型，它可以适用于任何 X, y 组合，如下所示：

```
full_pipeline.fit(X, y)
```

现在可以对目标列未知的任何数据进行预测：

```
new_data = X_test
full_pipeline.predict(new_data)
```

以下是预期输出的前几行：

```
array([13.55908, 8.314051 , 11.078157 , 14.114085, 12.2938385,
11.374797 , 13.9611025, 12.025812 , 10.80344, 13.479145 , 13.02319,
```

```
9.428679 , 12.57761, 12.405045, 14.284043 , 8.549758 , 10.158956 ,
9.972576 , 15.502667 , 10.280028 , …
```

为了获得现实的预测，数据可以按如下方式四舍五入：

```
np.round(full_pipeline.predict(new_data))
```

预期输出如下：

```
array([14., 8., 11., 14., 12., 11., 14., 12., 11., 13., 13.,9., 13.,
12., 14., 9., 10., 10., 16., 10., 13., 13., 7., 12.,7., 8., 10., 13.,
14., 12., 11., 12., 15., 9., 11., 13., 12.,11., 8.,
    ⋮
11., 13., 12.,13.,9.,13.,10.,14.,12.,15.,15., 11.,14., 10., 14.,9.,9.,
12.,13.,9.,11.,14.,13., 11.,13., 13., 13.,13.,11.,13.,14.,15.,13.,9.,10.,
13., 8.,8.,12.,15.,14.,13.,10.,12.,13., 9.],dtype=float32)
```

最后，如果新数据进来了，可以将其与之前的数据连接起来，通过同样的流程传递，以建立更强大的模型，因为新模型可以根据更多的数据进行拟合，代码如下：

```
new_df = pd.read_csv('student-por.csv')
new_X = df.iloc[:, :-3]
new_y = df.iloc[:, -1]
new_model = full_pipeline.fit(new_X, new_y)
```

现在，这个模型可以用于对新数据进行预测，如以下代码所示：

```
more_new_data = X_test[:25]
np.round(new_model.predict(more_new_data))
```

上述代码输出如下：

```
array([14., 8., 11., 14., 12., 11., 14., 12., 11., 13., 13.,
9., 13., 12., 14., 9., 10., 10., 16., 10., 13., 13., 7., 12., 7.],
dtype=float32)
```

有一个小问题。如果只想对一行数据进行预测，该怎么办？

如果通过管道运行单行，生成的稀疏矩阵将不会有正确的列数，因为它只会对单行中存在的类别进行独热编码。这将导致数据中的不匹配错误，因为机器学习模型已经适合需要更多数据行的稀疏矩阵。一个简单的解决方法是将新的行数据与足够多的数据行连接起来，以确保完整的稀疏矩阵存在，并转换所有可能的分类列。这适用于从 X_test 选取的 25 行，因为没有出现错误。在这种特定情况下，使用不超过 20 行的 X_test 会导致不匹配错误。

因此，如果您想使用单行数据进行预测，则需将单行数据与 X_test 的前 25 行数据进行拼接，然后按以下方式进行预测：

```
single_row = X_test[:1]
single_row_plus = pd.concat([single_row, X_test[:25]])
print(np.round(new_model.predict(single_row_plus))[:1])
```

结果如下：

```
[14.]
```

现在已经学习了机器学习模型如何被包含在管道中，以便对新数据进行转换和预测。

10.5 总结

本书始于基础机器学习和 pandas，并以构建定制化的转换器、管道和函数为终点，针对稀疏矩阵的行业场景，部署稳健、精细调节的 XGBoost 模型，对新数据进行预测。

在此过程中，读者逐渐了解到 XGBoost，从第一个决策树到随机森林和梯度提升，然后发现使 XGBoost 如此特别的数学细节和复杂性。本书多次展示了 XGBoost 在机器学习算法中表现出色，并且通过调整 XGBoost 的广泛超参数，练习了必要的技能，包括 n_estimators、max_depth、gamma、colsample_bylevel、missing 和 scale_pos_weight。

另外，本书还介绍了历史上物理学家和天文学家如何获取有关宇宙的知识，以及学习了 XGBoost 在不平衡数据集和使用备选基学习器所开展的广泛应用。

从 Kaggle 比赛中学到了行业诀窍，比如高级特征工程、非相关集成和堆叠。最后，学习了工业级的高级自动化流程。

现在，读者可以高效、快速地使用 XGBoost 来解决遇到的机器学习问题了。当然，XGBoost 并不完美。对于图像或文本等非结构化数据，神经网络可能会更好。而对于大多数机器学习任务，尤其是那些具有表格数据的任务，XGBoost 通常优势明显。

如果有兴趣进一步学习 XGBoost，建议参加 Kaggle 比赛。Kaggle 竞赛的参与者大多是经验丰富的机器学习专家，与他们竞争将会提升自身的技术水平。此外，Kaggle 竞赛还提供了一个结构化的机器学习环境，由许多研究同一问题的从业者组成，从而促成了共享笔记本（Jupyter Notebook）和论坛讨论，可以进一步增进学习效果。正如本书所述，XGBoost 也是在这里首次因希格斯玻色子竞赛而声名鹊起。

总之，读者可以放心地使用 XGBoost 进入大数据世界，推动研究，参加竞赛，并构建适用于生产的机器学习模型。

附　录　本书相关网址